油气钻机远程优化控制
虚拟仿真平台研究与开发

沙林秀　行　江　著

西北工业大学出版社

西安

【内容简介】 本书以研发钻机控制虚拟仿真实验为主线,融合了网络开发、虚拟现实、智能优化和钻井工程等技术,深入研究钻机控制、优化算法、虚拟可视化和井轨迹优化控制等方法,详细介绍基于 3Ds Max 的井场设备建模,基于 Unity 3D 井场环境、井眼轨迹的虚拟现实可视化实现,基于智能优化算法的井眼轨迹控制参数的优化,以及基于 Web 的钻机控制虚拟现实仿真实验平台前端/数据库的开发;研究并开发钻机控制虚拟现实仿真实验平台,为实现沉浸式随钻交互优化控制和决策体验,解决钻机控制实时性差、风险大、人才培养成本高等问题开辟了新的途径。

本书可作为高等院校虚拟现实技术开发与应用相关专业的本科生、专科生或相关从业人员的学习教材,也可作为石油工科院校的研究生、从事相关领域虚拟试验开发的科技工作者的参考书。

图书在版编目(CIP)数据

油气钻机远程优化控制虚拟仿真平台研究与开发/沙林秀,行江著 . —西安:西北工业大学出版社,2021.11

ISBN 978 - 7 - 5612 - 8003 - 4

Ⅰ.①油… Ⅱ.①沙… ②行… Ⅲ.①油气钻井-钻机-遥控处理-仿真系统-研究 Ⅳ.①TE922

中国版本图书馆 CIP 数据核字(2021)第 236912 号

YOUQI ZUANJI YUANCHENG YOUHUA KONGZHI XUNI FANGZHEN PINGTAI YANJIU YU KAIFA
油 气 钻 机 远 程 优 化 控 制 虚 拟 仿 真 平 台 研 究 与 开 发

责任编辑:胡莉巾		策划编辑:张 晖	
责任校对:王梦妮		装帧设计:李 飞	

出版发行:西北工业大学出版社
通信地址:西安市友谊西路 127 号　　　　邮编:710072
电　　话:(029)88491757,88493844
网　　址:www.nwpup.com
印 刷 者:西安真色彩设计印务有限公司
开　　本:787 mm×1 092 mm　　　　1/16
印　　张:13.375
字　　数:351 千字
版　　次:2021 年 11 月第 1 版　　　　2021 年 11 月第 1 次印刷
定　　价:58.00 元

前　言

　　随着油气资源勘探开采环境日益复杂、井身结构越来越多样和对开发技术要求的提高,对钻机性能、装备水平和控制策略有了更高的要求。钻机控制是多学科交叉的复杂控制工程,且设备价值高、操作风险大、技术含量高。同时,在实际钻机优化控制系统学习和研究中,存在人才培养中"三高一长"(即设备价值高、操作风险高、技术含量高和研发周期长)问题。因此,针对人才培养需求,融合油气钻井工程、智能控制优化、虚拟现实和计算机网络等技术,开发虚拟仿真实验平台具有重要的实际价值和广阔前景。

　　目前,国际上代表先进油气钻井工具装备的贝克休斯(Baker Hughes)公司、斯伦贝谢(Schlumberger)公司以及哈里伯顿(Halliburton)公司都推出了其产品的宣传动画,钻井工具、井场搬迁培训学习系统,但价格昂贵,每套在 600 万元人民币以上。国内也有很多高校和企业推出了不同层次、不同功能的石油领域虚拟仿真平台。但目前尚未出现较真实复现钻井现场场景的钻机装备认识操作、钻机优化控制及复杂井轨迹优化控制虚拟仿真综合平台,且现有虚拟仿真平台不能将钻机控制的实训、教学和科研相结合,无法满足用户体验要求。为此,将虚拟现实技术引入油气钻机优化控制教学与研究领域,以降低人才培养的成本、真实钻井过程研究的风险性和时空的局限性就显得十分重要。

　　本著作针对钻井工艺、钻机设备和优化控制过程,建立 1:1 油气钻机控制虚拟场景模型,构建丰富的井场、钻机、地层及井轨迹虚拟场景资源库;结合现有研究基础、成果,开发钻机远程交互式优化控制虚拟仿真平台,提供沉浸性、交互性、趣味性的随钻钻机优化控制和决策体验,在解决人才培养中"三高一长"问题的同时,增加受众人员、克服时空的局限性。

　　研究和开发油气钻机远程交互优化控制虚拟仿真平台,通过网络服务对外开放该平台,以均衡社会教育资源和促进石油装备技术发展。在虚拟现实(Visual Reality,VR)场景下临境式进行地面设备、钻机和井下环境的认知,熟悉钻机使用环境,掌握钻机钻进操作流程,让使用者能真实体验实际井场相关操作的具体步骤。沉浸式研究、实训环境解决了实际钻机装备操作学习过程中设备投资昂贵、危险性高而无法实现教育、实训、研究资源共享和普及等诸多问题。

　　本著作的相关研究依托"陕西省钻机控制技术"重点实验室。该实验室是目前国内系统性从事钻机控制优化技术相关研究的基地。该实验室在电动钻机控制技术、导向钻井控制技术、石油天然气生产自动化技术及钻机虚拟控制可视化技术等方面已经同国内三大石油集团实现了多种形式的合作,并完成了多项相关科研课题的研究。

　　本著作的第 1 章～第 5 章及第 7 章由西安石油大学沙林秀撰写,共计 26.1 万字;第 6 章由中国电子科技集团公司第二十研究所高级工程师行江撰写,共计 9 万字。

在编写本著作的过程中,得到了西安石油大学邱顺、聂凡、李文燕、王凯、王伟泽、李琨和程长风等多名研究生的帮助。网站视频的后期制作得到了宣传科杨明老师的帮助,网站的发布得到了信息中心涂杨老师的帮助。在此,对以上老师、学生表示感谢! 此外,本著作得到了"陕西省科技攻关项目(2020GY-046)"的资助,在此表示感谢!

在编写本著作的过程中,也参考了大量文献,对这些文献的作者表示感谢!

由于水平有限,书中难免存在疏漏之处,恳请广大读者批评指正。

著 者
2021 年 4 月

目　　录

第1章　虚拟仿真实验概述

油气能源是世界上重要的能源和化工原料。油气的勘探、开发和加工整个过程是一个涉及多学科、多领域、多层次、多环节的工程。随着油气资源勘探开采环境日益复杂和井身结构越来越多样,对油气田开发技术、钻机性能装备水平和控制策略有了更高的要求。

随着钻机控制系统的发展,将虚拟现实技术引入油气钻机优化控制教学与研究领域,降低了人才培养的成本,能够克服无法在真实钻井平台上开展相关技术研究和实际操作的局限性等,是钻机装备技术服务发展的趋势。

1.1　研发的目的与意义

1.1.1　研发的目的

钻机控制是涉及多学科交叉的复杂控制工程,且设备价值高、操作风险大、技术含量高。同时,在实际钻机优化控制系统学习和研究中,存在人才培养中"三高一长"(即设备价值高、操作风险高、技术含量高和培训周期长)问题。

国际上代表先进油气钻井工具装备的贝克休斯(Baker Hughes)公司、斯伦贝谢(Schlumberger)公司以及哈里伯顿(Halliburton)公司都推出了其产品的宣传动画,以及钻井工具、井场搬迁的培训学习系统,但价格昂贵,每套在600万元以上。

国内在钻机装备领域最具代表性的宝鸡石油机械有限责任公司(以下简称"宝石公司")于2017年推出了以超大屏幕和司钻座椅结合的石油钻机集成控制虚拟仿真培训系统,该系统主要用于宝石公司自己生产的钻机设备介绍和钻机操作的培训。而现有的其他培训、学习相关产品,多采用图书、PPT、视屏动画等传统载体,教学方法采用传统的教学和培训方式,因而无法适应现有钻机技术服务的需求,且严重滞后于国外钻机技术服务发展状态。

因此,针对人才培养需求瓶颈,将智能优化控制、钻井工程、最优化理论、虚拟现实和计算机网络等技术,引入油气钻机远程交互优化控制虚拟仿真实验研究环节,提供沉浸式、交互随钻优化控制和决策的虚拟现实环境,通过网络平台增加受众人数,来解决钻机控制实时性差、风险大、人才培养成本高等问题。

在虚拟仿真平台建设方面,国内很多高校和企业推出了不同层次、不同功能的石油领域虚拟仿真平台。其中,中国石化石油勘探开发研究院开发的虚拟现实中心解决了塔河油田奥陶系碳酸盐岩储层预测难题;中国海洋石油集团有限公司建立的虚拟现实中心,东北石油大学将Multi Gen Creator建模软件和Open GVS结合,成功地研发了油田安全操作仿真系统;中国石油大学借助C++Builder和3Ds Max建模软件研发了钻井井场虚拟培训系统;中国石油大学(华东)开发了"钻井与压裂虚拟仿真综合实训"解决了难以在施工现场开展钻井与压裂实践教学的问题;东北石油大学开发"油气勘探地球物理测井虚拟仿真实验",解决了测井培训教学中的难点。部分成果已经在商业项目中投入实际应用,为油气钻井储层预测和井身安全方面的人才培养发挥了重要作用。

国内很多企业和高校推出了不同层次、不同功能的石油领域虚拟仿真平台,但目前尚未出现用于实训、教学和科研相结合的钻机优化控制领域综合虚拟仿真平台。针对此问题,面向相关油气企业、高校的本科生/研究生和科研院所的科研人员,研发了集实物仿真、创新设计、智能优化、远程交互、虚拟现实动态显示,以及研究、实训、管理于一体的油气钻机远程交互优化控制虚拟仿真平台,构建了具有良好自主性、交互性和可扩展性的网络共享平台,以满足石油勘探开发领域中智能钻机控制技术人才培养综合需求。

1.1.2　研发的必要性

自 2018 年以来,美国 75 年来首次成为石油出口国,中国替代了美国成为全球最大的石油和天然气进口国。我国原油对外依存度已升至 70.9%,天然气对外依存度已升至 45.3%。与石油勘探的巨大投入和结果的不确定性相比,人才的培养和储备是发展油气勘探开采技术新格局的首要任务。

由于油气资源勘探开采过程和环境复杂、井身结构的多样和对开发技术要求的不断提高,对钻机的性能、装备水平、控制策略和适应性提出了更高的要求。

然而,随钻钻机控制是集钻井工程、地质油藏、优化控制及通信等多学科交叉的复杂控制工程,且设备价值高、操作风险大、技术含量高。因此,降低设备运行风险、人员维护风险以及防止井喷和海上平台漏油事故发生,提高钻井成功率就成为钻机控制领域亟待攻克的难题。

全球石油钻机数量为 5 000 套左右,中国拥有钻机数量近 1 500 套,中国年制造钻机能力为 1 200 套。陕西省不仅是油气开采大省,而且是国内钻机研发、生产和组装的重要基地,平均钻机产量占中国市场份额的 70%,尤其是深井、超深井钻机生产占比高达 80%,形成了以宝鸡的宝石、瑞通、腾飞为主的 20 余家成套钻机生产和机械研发基地,以西安的宝美、宝德、海尔海斯为主的 10 余家钻机电气控制研发和生产配套基地,构成了陕西钻机研发、配套设备生产和整机装配生产的装备制造业产业链。因此,培养优秀的钻机装备研发工程师,使他们熟练掌握钻井控制操作的各环节,储备坚实的钻机优化控制知识,是提升我国钻机装备技术的重要战略。

但迄今为止,在国内外尚未出现集钻机装备认识操作,钻机优化控制和井轨迹优化控制、显示、纠偏为一体的综合虚拟仿真网络开放性平台。因此,研发具有自主知识产权的"油气钻机远程交互优化控制虚拟仿真平台"是提升陕西省钻机装备核心竞争力的必由之路。

研发具有自主知识产权的油气钻机远程交互优化控制虚拟仿真平台的意义如下:

(1)解决在钻机优化控制学习、研究和实训中"三高一长"问题,克服在真实实践平台上无法开展人才培养的局限性。

(2)突破在复杂油气钻机优化控制工程研发过程中,无法直接观测控制策略和控制效果、研究与应用实时性差等问题给研究成果转化带来的瓶颈。在实验室的虚拟仿真实际操作教学过程中,使学习者能更直观地掌握钻机及其控制的工作原理、工程控制过程和控制效果。

（3）借助虚拟现实可视化技术,有效解决在传统实验中难以实现的设备投资昂贵、危险性高等诸多问题,大大降低公司、学校的培训、教学成本,强化学习者对知识的理解和实际的操作能力。

（4）改变原有枯燥、死板的学习模式,以沉浸式虚拟环境、图形动画、虚拟仿真等形式呈现操作、实验和研究的全过程。将传统课堂式钻机优化控制教学方式和手段,转换成互联网在线互动式教育模式,增强直观体验感,改善教学和实践环境,提升学习成果。

（5）通过模块化设计和友好的人机界面,降低从事智能优化、先进控制研究的门槛,降低研究相关技术的学习难度,激发学习、研究积极性,通过"沉浸性""交互性"的操控模式,使得学习者能身临其境地体验优化控制效果。

（6）推动油田企业、科研院所和高等院校的钻机优化控制可视化教育、研究、实训和竞赛。

（7）形成新的产学研创新平台,开放该平台实现科技教育资源的社会均衡、共享和促进石油装备技术的发展,提升陕西省石油装备核心竞争。

1.1.3　市场需求分析

以钻机优化控制虚拟仿真的关键技术、关键词进行调研、检索,目前在国内、外尚未出现油气钻机远程交互优化控制虚拟仿真相关技术研究和成果（软件和产品）。

国内外在钻机优化控制领域集培训、学习和研究为一体的相关产品的研发尚属空白。随着钻井工艺的不断提高、钻机装备的不断优化、钻机控制系统逐步智能化,根据中国制造钻机的工作特性,打破国外相应技术的垄断,形成有自主产权和特色先进技术的软件、产品,填补国内外相关技术的空白,是提高行业技术服务、改善专业教学模式、提升钻机附加技术产品的市场需求。

因此,开发油气钻机远程交互优化控制虚拟仿真平台,通过网络服务对外开放该平台,以均衡社会教育资源和促进石油装备技术发展。软件提供沉浸式学习、实训、研究环境,在 VR 场景下临境式进行钻井井场设备和井下环境的认知,熟悉钻机使用环境,掌握钻机操作流程,让使用者能真实地体验实际井场相关操作的具体步骤,解决钻机装备操作学习过程中设备投资昂贵、危险性高而无法实现教育、实训、研究资源共享和普及等诸多问题。

该平台的市场需求主要来自三个方面:一是面向钻井公司队的钻井工程师,钻井队操作、维护人员培训以及油气勘探开发相关研究所。二是面向高校的相关专业教学。在国内有油气开发及其相关学科和专业的学校近 30 所,围绕钻机控制、优化、管理、操作和维护,每年要培养钻井、油气勘探、智能控制以及控制工程等本科和硕士研究生数千余名。三是面向钻机生产厂家。钻机生产厂家可将油气钻机远程交互优化控制虚拟仿真平台作为其钻机装备技术服务配套产品,提高钻机销售的技术支撑。

通过井场设备、钻机装备、地层和井轨迹的透视化、拆解化,井轨迹优化控制过程的流程化和互动化,既节约了学习时间,又降低了实训和研究的门槛,还节省了场地和设备费用,从而降低了大量的教学设备投入,缩减了公司和学校的培训、教学和研究的成本。同时,在钻机优化控制研究中注入 VR 的"沉浸性""交互性"的情景教学,身临其境地实践体验、学习相关知识,能激发学习者的积极性,提升学习成果。

1.2 虚拟仿真实验的研究现状及发展趋势

1.2.1 国内外虚拟仿真实验的研究现状

1.VR 技术在石油领域的国内外研究现状

目前,国外在实际生产作业中已经应用了虚拟现实技术。特别是在石油领域建立了多学科领域的协同工作,涵盖了设计钻井轨迹、建立储层模型、解释地震资料等[1]。虚拟现实技术的应用,能够帮助专家缩短决策时间,精确决策内容,并提出有效方案。

(1)国外 VR 技术在石油领域的研究现状。近年来,虚拟现实技术的发展得到了石油行业的青睐,国际石油巨头相继投入研究,如:

1980 年,美国 AMOCO 石油公司着手研究钻井仿真系统,并启动钻井工程仿真器的研制,在 1983 年实现了高保真的钻井仿真过程。

1984 年,美国 Superior 石油公司建立了一套钻井仿真装置和通信网络,比 AMOCO 公司研发的规模更小。投产后,大量数据表明,采用钻井仿真技术和监测分析后,网络覆盖区内的钻井成本足足下降了 29%,每年节约 2 400 万美元[2]。

1997 年,美国的 Texaco 公司在休斯敦建立了世界上第一个油气工业专用的虚拟现实中心,并应用于钻井设计、轨迹跟踪以及勘探数据的分析[3]。

ROV 公司研发了基于 VR 的远程可遥控作业小车,虚拟再现了实时"海底作业环境",并将其广泛应用于海洋钻井领域。

Paradigm 公司研发了一套三维地震解释系统——Voxel Geo[4]。

加拿大 Oemcom Software International 公司开发了 Gemcom 软件,利用图像编辑和生成工具可实现钻孔孔位分布的显示,区别于其他软件,其允许用户勾画地质模型。

(2)国内 VR 技术在石油领域的研究现状。国内将虚拟现实技术应用于钻井工程领域起步较晚,但随着虚拟现实技术被认定为未来石油工业生产最关键的信息技术之一,国内各大石油公司都建立了虚拟现实研究中心。

2003 年,中国石油化工集团有限公司研发出了"PetroOne"系统,建立了我国石油工业第一个大型虚拟现实中心[5]。

2006 年,中国海洋石油集团有限公司在天津建立了首个虚拟现实中心,其在协调工作和生产指挥方面效果显著。

2007 年,中国海洋石油集团有限公司为决策者提供了更加真实的勘探开发环境,陆续建立了 3 个虚拟现实中心。

紧随其后,中石油的东方地球物理公司大港研究院也建立了虚拟现实系统。

随着国内各大石油公司陆续研究并建立了虚拟现实中心,高校也加入了研发大军。由于虚拟现实技术研究难度大、成本高,虚拟现实技术在国内石油勘探开发领域尚未全面应用[6]。

2.井眼轨迹三维可视化技术的国内外研究现状

可视化是利用围绕现实想法建立模型的一种理念,以描述复杂问题结构的本质或者抽象事物。可视化技术是利用计算机图形学和现代计算机的 OPP,DDE 和 OLE 技术,以有效的方式将空间三维物体的基本特征输入到计算机,利用计算机屏幕观察该物体在不同三维视角下的空间形态。国内外的井眼轨迹可视化技术经历了从二维静态轨迹图像到三维实时、动态、交互的轨迹图像的转变过程[7-13]。

1994 年,Santos 利用 Fortran 编程实现了井眼轨迹的三维显示,其显示略显单一。

1995 年,Landmark 公司研发的 Well Plan 软件能够提供完整的钻井工程解决方案,但其井眼轨迹的显示依旧单调。

2001 年,Landmark 公司开发的 3D Drill View 软件,能够给井眼轨迹显示嵌入相应的地质模型,并在 Sperry - Sun 的 INSITE 基础上,创建了控制中心与井场的实时决策控制系统。

2001 年,Paradigm 公司开发了三维地质信息显示系统——Sysdrill,将井眼可视化部分的地质数据与钻井数据融为一体。

2002 年,胜利油田和上海交通大学联合开发出了基于 VC++ 6.0 的井眼轨迹设计与监测三维可视化系统。该系统能够立体地显示井轨迹、地层及旧井眼轨迹和实钻井眼轨迹,并且可以实现旋转、平移、缩放、改变填充方式等操作。

2003 年,中国石油集团有限公司建立了第一套虚拟现实系统——Petro One。

2008 年,钟原采用 Visual Basic 6.0 软件实现了三维井眼轨迹曲线的显示。

2009 年,何小兵等人[14]利用 OpenGL 在 Visual Basic 6.0 平台上,在平移、缩放、旋转等交互操作功能的基础上,通过光照渲染了三维轨迹效果。

2010 年,唐可伟等人[15]将 VC++ 2005 和 Open Inventor 开发包相结合,读取 Access 数据库中的测斜数据,采用最小曲率法实现了井轨迹的三维可视化,并添加了坐标和平面。

2011 年,Schlumberger 公司开发了 Osprey Drilling 软件,其系统能在三维地质环境中实现井轨迹设计、可视化、防碰扫描、测斜计算、井筒编辑与底部钻具组合(Bottom Hole Assembly)、摩阻扭矩优选等 9 大功能。

2011 年,张德[16]在井眼轨迹描述中加入了地层的三维效果图,增强了井眼轨迹的真实性和直观性。

2011 年,Macpherson Oil Company 公司设计了高效的旋转导向钻井装置。该公司在以产油井间的间隔采用地质导向钻井,通过实时弯曲度分析实现先进的导向观测,避免钻遇到已有的垂直井眼,并给出两个观测点之间的井眼路径的 3D 导向趋势。

2012 年,薛世峰等人[17]利用 Open GL 在 Visual Basic 6.0 平台上实现了实钻井眼轨迹三维可视化,实现了对井眼轨迹进行缩放、平移、旋转等交互操作功能。

2013 年,李洋等人[18]在 Visual Studio 平台下采用 WPF 与 OpenGL 软件,开发了可读取 Excel 文件的三维井眼轨迹可视化系统,较准确地绘制了井眼轨迹。

2015 年,王志军等人[19]综合多种井眼轨迹算法,开发了基于 OpenGL 的三维可视化系统,能够以水平、垂直投影的方式绘制井眼轨迹,并能够打印输出井眼轨迹数据和图形。

2015 年,Pegasus Vertex 公司开发的 Path View 软件可实现井路径的 3D 可视化,通过 Text、Pdf 和 Excel 等输入大量的观测数据,实现了水平多分支井(Multi - branched Well)、分叉井(Forked Well)、水平侧钻井(Lateral in the Horizontal Hole Well)、垂直侧钻井(Lateral in the Vertical Hole Well)、层叠的分支井(Stacked Laterals Well)、双向相对侧井(Dual - Opposing Lateral Well)和散射多分支井(Multi - Lateral Well)等复杂井身的三维显示,该软件还可实现导向钻井过程的监测、运行控制。

2015 年,贝克休斯提出了地理空间导向分析技术——VisiTrak 技术,可实现超深探测深度、实时随钻反演、3D 可视化等,完成了复杂油藏中井身结构的精确设计。VisiTrak 技术中采用了随钻测井中常见的电磁测量方法,该测量方法至少需要一个发射线圈和一个接收线圈。随着钻探深度的不断增加,结合先进的多分量随钻反演技术和数据模型的 3D 可视化技术,大幅提高了井位部署成功率,实现油藏的实时绘制,有利于优化井筒与油藏的接触面积。

2015 年,美国莫尔公司与哈里伯顿(Halliburton)等公司开发的 Driller's Toolkit 是一套掌上电脑钻井工程软件,也是一款便携式的钻井轨迹可视化软件。

2017 年,蒋必辞等人[20]在 QT 平台下,利用 OpenGL 将测井信息与井眼轨迹进行结合,实现了快速运行程序、三维显示及跨平台应用的功能。

3.虚拟实验平台的国内外研究现状

国内将虚拟现实技术应用到石油钻井仿真领域研究起步较晚。伴随着石油勘探开发技术不断发展,油气藏开发愈加复杂,科学、合理的钻机控制决策成为关键。那么将飞速发展的虚拟现实技术引入油气钻机优化控制研究过程,解决了人才培养中"三高一长"问题。

基于虚拟现实技术的虚拟实验是科学实验中一个不可或缺的部分,虚拟实验已经成为各大科研机构和高校进行实验的有效方式之一。虚拟实验技术具有两个较好的应用成果,对于高校和科研机构来说,虚拟实验技术可以使科研任务加速推进,对于教学领域来说,虚拟实验技术可以使教学效果显著提升。

虚拟实验平台是计算机科学技术和虚拟现实技术结合的产物,利用计算机极其强大的计算能力,使实验不会再被实验环境所限制。在计算机中通过 3Ds Max,Unity 3D 等技术实现虚拟环境,实现还原历史、仿真现在、虚构未来的理念[21]。在石油院校的各项实验中,在降低实验危险性的前提下提高实验的漫游度,实验者的实验体验感和真实度,甚至超过真实环境。对于实验效果来说,通过虚拟实验平台的学习和操作,其实验效果甚至比真实环境的学习效果强。

(1)国内虚拟仿真平台的研究现状。目前国内很多高校都建立起自己的虚拟实验中心,有比较完整的硬件和网络,同时也具有比较成熟的人才资源,三者配合使得虚拟实验平台逐步发展壮大。而数据库与虚拟实验平台又是相辅相成的关系,虚拟实验平台可以克服传统实验教学费时费力的问题,数据库为远程实验教学的实施、平台的动态显示和数据库管理提供了条件和技术支持[22]。

1998 年,中国科学技术大学成立了大学物理虚拟实验室。该系统是国内第一套真正意义上的虚拟实验室[23]。全部教学资源都由计算机完成,具有操作简单和模型逼真等特点,从根本上克服了传统仪器昂贵、易损坏等缺点。

2007 年,中国药科大学建设了药学虚拟实验中心。该系统针对不同专业设计了不同的虚拟实验教学模块,具有实验室管理系统、实验开发预约系统和系列仿真教学软件等功能[24]。同年,高恩婷基于 B/S 模式设计出 IDC 机房虚拟仿真系统,将仿真和虚拟现实相结合,实现用户在虚拟场景中进行交互[25]。

2014 年,清华大学开发的动力工程及工程热物理虚拟实验室,通过理论和实验所得的数据,结合 Web 技术、多媒体技术和虚拟现实技术,并基于 PC 上实现了可视化三维实验环境搭建,开发出一套涵盖各种动力工程及工程热物理的虚拟实验。

2018 年教育部公布了首批国家虚拟仿真实验教学项目 105 个,直到 2020 年,已经达到 1 000 个"示范性虚拟仿真实验教学项目"[26]。虽然国内已经有了许多虚拟仿真实验资源,但是由于各个学校学科课程重点、倾向性的不同,各高校各自开课时,资源仍然是缺乏的。

在石油领域里,2016 年,东北石油大学岳岩岩基于虚拟现实技术设计出了多人协作的小修作业虚拟仿真培训系统,主要以油气小修作业标准操作规范为培训重点,实现了虚拟环境下的虚拟角色与虚拟化工具、设备的交互功能,同时,利用网络架构实现用户之间的信息共享,达到了多人同时参与协作并进行修井训练的目的[27]。

2018 年,西安石油大学开发出一套可以实现井眼轨迹以及井场漫游控制的虚拟实验平台。通过 Unity 3D 中编辑钻头的运动程序,从而实现钻井的动态过程。利用三维模型和碰撞检测来实现井场漫游、起下钻控制、三维井眼轨迹运动控制等效果,给用户一种沉浸式的感觉,为钻井工作者提供一个更好的选取井眼轨迹的方法[28]。

2020 年,辽宁石油化工大学刘洋利用 Unity 3D 开发出虚拟油库培训系统,实现以第一人称视角漫游、设备属性查询、设备交互操作、事故处理等功能,强大的交互效果有效地提升了培训效率[29]。

目前,在将虚拟仿真应用在石油钻机优化控制的培训上,国内尚未出现较成熟地借助计算机网络技术实现钻井井场实际环境虚拟仿真、钻机优化控制及复杂井轨迹优化虚拟仿真相结合的综合研究平台。

(2)国外虚拟实验平台的研究现状。

1989 年美国 University of Virginia 的 William Wulf 教授首次提出了虚拟实验室的概念。联合国教科文组织在 1999 年下旬提出了"虚拟实验研究中心"和"虚拟研究实验室"的研究构想[30]。

2005 年,斯坦福大学建设了人-机交互虚拟实验室,该系统是一个强调人-机交互的系统。为了使系统更为逼真,开发人员设计了一套高层次、高还原度的人-机界面和模型。

2006 年,科罗拉多大学波德分校建设的 PhET 实验室,该实验室具有交互式沟通、鼓励科学探究、在生产勘探中为用户提供隐形指导等特点。除此之外,最大特点就是开源和免费,为学生和科研人员提供各个基础学科的模拟研究[31]。

2016 年,由一支软件工程师和教育专家组建了 PraxiLabs 实验室,该系统提供生物、化学和物理等领域的数十个交互式 3D 虚拟实验项目。其项目有良好的交互界面、提供多种多媒体文件和支持随时随地访问等特点[32]。

2018 年,华盛顿大学获得由谷歌、Facebook 等科技公司赞助的 600 万元启动资金,由不同专业背景的本科生、研究生和教师建设了虚拟实验室,分别在计算机视觉和感知、图像识别、游戏科学和教育等领域展开研究。

在石油领域,虚拟实验平台侧重于实际应用,出现了对石油化工工艺进行虚拟模拟、石油装配操作虚拟培训等虚拟平台,同时国外大型的石油公司对这类应用投入大量资金,研发了属于自己的虚拟现实系统。其中,阿拉伯石油公司的一款专门为培训钻井人员虚拟现实系统,用于钻井技术人员模拟培训[33]。

由于石油开采环境复杂、开采设备庞大且操作有一套具体的流程规范,这就需要钻井人员具有专业的技能水平。因此,石油行业中常用虚拟教学系统对钻井人员进行技能培训,学习石油开采技术,掌握开采设备的标准化操作流程。

1.2.2　虚拟仿真实验的发展趋势

1.井眼轨迹三维可视化的发展趋势

近年来,如何在钻井过程中快速、准确地选择和控制井眼轨迹的路径,特别是利用 MWD 定时、定性、定量地反馈钻井数据,以便更好地选取路径、提高钻井成功率成为研究热点。

伴随大数据、云计算和互联网技术的高速发展,钻井地上和地下的海量数据为基于虚拟现实技术的三维井眼轨迹交互式优化、钻井控制优化提供了数据支撑,也为数据挖掘实现智慧油田管理模块化提供了可能[34]。故井眼轨迹可视化技术未来的发展方向主要有两个:

(1)从二维平面显示向三维立体显示转化,从单一数据分析向人-机交互发展。随着二次元空间、图像处理、计算机技术的成熟,钻井轨迹控制已不能满足于通过数字、图像来决策,尤其是虚拟现实技术的出现,为钻井作业开启了一扇新的大门。全息投影及 VR 沉浸式显示技术,使地层、井轨迹显示达到了一个新的高度,增强了人-机交互效果,对实际环境实现了精准判断,建立完善了钻井信息,为井眼轨迹优化技术提供了重要依据。

(2)采集海量油田数据,同步云计算,逐步实现钻井由数字化向智慧化转变。在实际钻井过程会产生海量实时数据,会出现不同地质、地震、气候、设备、计算方法等多方面信息。利用大数据技术来获取、储存、管理、分析海量钻井数据,利用云计算技术对海量数据进行分布式数据处理,并根据统计数据,对现有地层数据进行整合分析,预测一条更加精准的钻井轨迹,实现相邻井眼轨迹防碰撞处理,实现对新井眼轨迹进行精准纠偏处理,防止与相邻老井碰撞。

2.虚拟实验平台的发展趋势

随着计算机科学技术、人工智能、传感器技术和通信技术的快速发展,虚拟实验平台有以下几个发展趋势:

(1)虚实结合的复杂过程控制的应用。基于虚实结合的设计理念,将复杂且抽象的控制理论具体化。将 3D 模型、多媒体文件等多种教学资源与先进的控制方法有机结合,以复杂控制理论学习体系为背景开发出虚拟实验项目,将虚拟实验设备与实体实验装备结合进行教学。将晦涩难懂的复杂控制应用以有趣、生动和形象的形式展示出来,提高了用户学习的积极性。

(2)跨区域协作式虚拟实验平台。一个工程项目通常由一个不同技术专业人员组成的团队来完成。在这些不同专业背景的技术人员的共同努力下,才会产出一个具有良好体验度的产品。目前,大多数虚拟实验平台是在一个区域内使用或开发,没有充分利用到互联网的优点。将虚拟实验平台从设计、开发到发布,由不同区域内、不同专业背景的用户协作参与同一个任务、同一个实验,实现项目的"集散开发",即项目的集中管理、分散开发。不仅锻炼了用户团队意识、分工协作意识,还能最大限度地汇聚不同专业知识背景的人才。

目前,实现协作式虚拟实验平台解决的最主要的技术难点是信息和数据的通信、时空同步,5G 技术的发展为跨平台、跨区域的交流、协作、数据共享和实时更新提供可能。

(3)平台本身具有学习能力。实验平台作为面向用户的一个系统,应该具有逐步适应的功能。在虚拟实验过程中应该结合用户的学习经验逐步进化,具有自学习功能系统才有进一步扩大应用范围的可能。学习能力是指在平台使用过程中可以根据用户的需求和经验逐步调节自身功能和结构的一种能力,即平台本身具有一些智能结构和智能组件可以根据某些因素能自主学习、自动进行调节。具有学习能力的平台应该满足以下条件:

1)能自主学习和训练调节、完善自身的状态和结构；

2)能分析用户的一些行为,提供个性学习指导；

3)具有能主动接收并分析其他系统的虚拟实验平台,可将用户作为核心,完成反馈和学习。

具有学习能力的实验平台具有以下特点：

1)面向用户的,以满足用户需求为目的,可以在运行过程中对自身的结构和功能做出一定的更改；

2)面对不同用户具有不同的学习目的,因此系统应该提供不同的学习功能；

3)具有处理大量、重复的人-机对话能力,以提高使用者的实验体验。

(4)教学全过程管控。虚拟试验是教学过程的关键步骤,其教学质量的管理和控制十分重要。目前大多数虚拟实验平台对教学过程基本没有实现教学质量的管控。因此,以提高教和学的效果为目的,研发具有从教→学→练→考→反馈的闭环教学管控的虚拟实验平台,成为完善实验平台的一个新的发展方向。

(5)多种技术融合进行优势互补。随着计算机技术和通信技术的发展,将人工智能(Artificial Intelligence,AI)、5G、增强现实(Augmented Reality,AR)等技术融合到虚拟实验平台中。将多种技术融合互补以逐步发展、完善虚拟实验平台的功能,充分地利用 AI 技术在语音识别和图像识别等领域的技术成果、5G 能实现远程数据高速传输处理的特点,以及 AR 技术在地图导航、电力、石油等行业中的优势,实现多技术融合的虚拟仿真实验平台。

1.3　开发虚拟仿真实验的相关技术

在开发虚拟仿真实验过程中,首要的任务是采用 3Ds Max 软件按 1∶1 比例构建不同型号钻机设备、钻井平台、司钻房、井场环境和三维地层等油气钻机控制虚拟场景模型；其次,采用 Unity 3D 软件实现模型的渲染和交互界面的开发,还原真实钻井场景,采用 C♯语言实现钻机交互控制,采用智能优化算法实现钻机比例积分微分(Proportion Integration Differentiation,PID)控制参数和井眼轨迹的优化,实现虚拟油气钻机优化控制虚拟仿真实验的开发；最后,采用 Web 技术的 B/S 架构、PHP,MySQL 等技术,开发基于网络版的油气钻机优化控制虚拟仿真实验平台。

1.3.1　3Ds Max

收集不同型号钻机设备、钻井平台、司钻房和井场环境等虚拟漫游资源库,收集井下环境(如地层、油气储层和井轨迹等)资料和实际样图,构建井场设备(如发电机房、燃油罐、电控房、泥浆泵等)、钻机装备(如井架、天车、大钩、钻井绞车等)和地层模型。

随着三维虚拟技术的发展,国内、外涌现出如 Open GL,MATLAB,Petrel,Solid Work,UG,3Ds Max,Maya 等多种三维建模软件[35-37]。这些开发软件在使用时各有利弊：

(1)Open GL,Matlab,Petrel 等软件操作简单,只要有数据,再加入特定的算法,就可以形成直观的图像,但只能形成简单三维曲线,不利于进行钻井工程研究。

(2)Solid Work 软件界面简单,易于新手学习,拥有对零件组装形成装配体的强大功能,但渲染效果较差,绘制物体不够逼真。

（3）UG 软件多用于建立结构复杂的三维模型,对于曲面和模具设计,有独特之处,但操作复杂。

（4）Maya 软件在游戏、动画渲染制作方面功能强大,但操作复杂,不宜于二次修改,上手较慢。

（5）3Ds Max 软件集建模、渲染、动画制作于一体,主要用于装修设计。其建立的模型易于修改,操作简单,易于上手,导出格式可以直接导入 Unity 3D 软件中。

其中,3Ds Max 作为一款强大的建模软件,其操作相对简单,上手较快,并且支持 OBJ、3DS、ASE 和 FBX 等多种导出格式,最受公司和学校青睐。3Ds Max 建模核心思想是以 polygon(多边形)为主,在建模方面无论是真实的还原性还是可操作性都很高,其具有强大的功能,被广泛应用于影视、娱乐、游戏和动画制作等行业,尤其是许多游戏公司都会选择 3Ds Max 作为建模的首选工具。

综合分析,Solid Work,UG,3Ds Max,Maya 等三维建模软件,建立的模型匹配合适的平台,能够真实地再现一个虚拟的钻井空间。开发的井场环境、钻机控制和井眼轨迹可视化软件,既可以在 PC 机上进行交互控制,也可以通过相关 VR 设备实现虚拟现实交互控制。经对比,本次开发采用 3Ds Max 软件进行模型的搭建与处理。三维建模软件的比较见表 1-1。

表 1-1　三维建模软件的比较

三维软件	优　点	缺　点	应　用
3Ds Max	集建模、渲染、动画制作于一体,操作简单,模型易于修改	内存占比大	各种三维模型,建筑模型最佳
Maya	建模效果强大,具有很好的渲染、动画功能	操作难度大,对于底层支持要求过高	曲线模型及游戏开发等
UG	曲面、模具设计效果独特	功能太复杂,掌握周期过长	工业模具的设计

利用 3Ds Max 建模软件来完成井场平台、地层与钻头的三维模型搭建,简单、易上手,建模效率很高,有很强的兼容性。通过查阅相关资料,参照钻井平台、井场设备和地层等图片来建模,创建的模型会更加真实。

此外,采用 3Ds Max 创建的模型可以导出多种格式的文件,以方便移植到其他软件平台,尤其是方便在后续开发平台 Unity 3D 中使用,3Ds Max 建模所创建的 FBX 模型文件,可以用拖拽的方式移植到 Unity 3D 工程中,操作简单、方便,为后续完成 Unity 3D 平台下仿真实验的开发做好准备。

1.3.2　Unity 3D

在钻机优化控制 VR 仿真实验开发过程中,沉浸式井场环境、地层的虚拟环境均是在 Unity 3D 平台下开发完成的。Unity 3D 的着色系统、地形编辑器、物理特效和光影特效非常全面且真实,操作简单,灵活性强,尤其是其中含有的碰撞系统、重力效应、光影渲染系统、速度和质量等变量,创建出来的三维虚拟实验场景非常真实。

1.Unity 3D 特点及优势

Unity 3D 是一款专业虚拟引擎软件,其能够轻松创建三维游戏、可视化建筑、三维动画等交互内容,也是一款综合性极强的开发工具与交互软件。Unity 3D 将交互图形开发作为自己的开发形式,其开发出来的软件可应用于大多数平台,也可以利用相应的插件完成在网页上的浏览[38]。Unity 3D 强大的综合性,使其开发产品可以在 20 多个平台、系统中运行。Unity 3D 产品可发布的平台如图 1-1 所示。

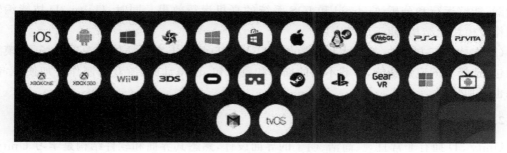

图 1-1　Unity 3D 产品可发布的平台图

Unity 3D 具有强大的游戏开发性,集成物理系统、图像阴影、声音模拟、脚本编程、人-机交互等多种技术于一体。除自身包括很多游戏对象外,还能导入其他外部游戏对象,其支持各种光源、离子和环境编辑效果、界面文字、RGB 贴图、材质编辑、天空盒子以及各类动画系统等功能。Unity 3D 支持功能如图 1-2 所示。

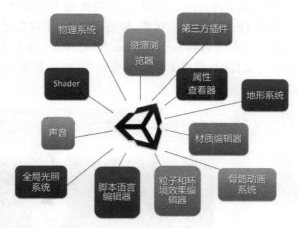

图 1-2　Unity 3D 支持功能

由于 Unity 3D 所创建模型结构简单,不能满足游戏、VR 等开发需求。因此,能够兼容其他建模软件,并能对导入模型进行脚本编程和动画控制,实现协同工作。所以,近年来被广泛应用在三维软件开发和虚拟现实研究等领域。

与目前市场上同类引擎软件相比,Unity 3D 具有以下优点:

(1)跨平台性强。Unity 3D 引擎软件具有很强的跨平台性,已知的 24 款平台都能够应用。其分为企业版和个人版,其中个人版免费对所有人开放,功能也非常全面,足以满足个人用户的需求,因此用户群非常庞大。

(2)真实反馈性。Unity 3D 软件自带 NVIDIA PhysX 物理引擎以及高度优化的图形渲染通道,通过声效阴影、GUI 粒子和环境编辑系统等辅助功能,在二维空间下模拟物体的运动和碰撞,给用户以真实的体验反馈。

(3)系统运行稳定。Unity 3D 结构框架、系统架构稳定,其发布的软件无闪退及系统崩溃的现象。新版软件只支持 C♯ Script,其编辑语言为组件结构。

(4)内存管理、技能编辑器性能强大。Unity 3D 内存管理系统可检测内存的瓶颈,避免内存泄漏,能够运行和分析 Android 和 IOS 系统的真机运行效果。同时,Unity 3D 技能编辑器可制作成模块化结构,便于用户应用。

(5)支持第三方插件,拥有大量资源包。Unity 3D 具有丰富的插件资源以及场景、模型等资源包,选择不同应用功能,下载不同的插件和资源包,使得动画、游戏的制作更加便捷,制作效果也更加优异。

2.Unity 3D 功能架构

Unity 3D 拥有非常直观、简洁、明了的界面设计,熟悉其界面和软件结构是学习 Unity 3D 的基础。新建 Unity 3D 项目工程后,进入 Unity 3D 编辑器界面,可以看到界面主要由菜单栏、工具栏以及相关的视图等内容组成。Unity 3D 的常用工作视图分为五个视图,每个视图都有其特定的作用,现具体介绍如下:

(1)项目视图(Project View)。Project View 是整个 Unity 项目工程的文件集合,包括贴图、材质、预置物、脚本以及外部导入模型、资源等。Project View 如图 1-3 所示,其左侧面板为 Create 菜单、搜索类型及资源文件夹的层级列表,右侧面板为搜索栏、项目子文件列表。用户可以在 Assets 文件夹下创建所需的音频、材质、模型等文件,不仅能通过拖拽的方式将需要导入的文件拖入项目中,还可以点击 Assets→ Import New Asset 命令来将资源导入。需要注意的是用户在修改、移动资源文件时,应在 Project View 中进行,否则就会破坏 Unity 3D 工程与源文件之间的关联。

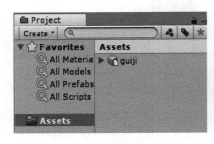

图 1-3 项目视图(Project View)

图 1-4 场景视图(Scene View)

(2)场景视图(Scene View)。Scene View 是用于设置场景、放置游戏对象以及构建游戏场景。其场景中所应用的摄像机、3D 模型以及各类光源等都在此窗口显示。Scene View 如图 1-4 所示,其面板中的"Shaded"按钮可以为用户提供多种场景渲染模式,点击可进行切换,每种模式的切换并不会改变 Game View 最终显示的方式,只改变物体在 Scene View 中的显示方式。"2D"按钮用于 2D、3D 场景视图的切换;"太阳☼"按钮用于场景灯光的通断;"声音🔊"按钮用于声音切换;"图片🖼"按钮用于切换天空盒子、雾效以及光晕的显示与隐藏;"Gizmos"按钮用于显示、隐藏光源、声音、摄像机等对象。

(3)游戏视图(Game View)。Game View 是软件最终运行效果显示的预览窗口,如图 1-

5 所示,其顶部为视图控制条,用于调节控制屏幕比例、显示游戏运行相关参数。"Scale"按钮用于调节物体比例;"Maximize On Play"按钮用于最大化显示场景的切换;"Mute Audio"按钮用于音频的通断;"Start"按钮中的 Startistics 面板,显示当前运行场景的渲染速度、Draw Call 的数量、帧数、贴图占用内存等参数;"Gizmos"的作用同 Scene View 场景。

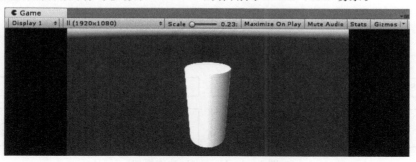

图 1-5　游戏视图(Game View)

　　(4)检视视图(Inspector View)。Inspector View 用于当前虚拟对象相关属性与信息的显示,包括对象名称、旋转角度、缩放大小、位置坐标、配置组件等信息,如图 1-6 所示。检视视图可暂时关闭或隐藏整个操作对象,也可关闭操作对象的某个组件;"Transform"用于修改操作对象的 Position(位置)、Rotation(旋转)和 Scale(缩放)等属性;"Mesh Filter"即网格过滤器用于获取网格信息,并将其传递到渲染器中;"Mesh Renderer"可对获得的几何体,进行位置渲染;"Materials"设置操作对象的颜色、贴图等信息。

图 1-6　检视视图(Inspector View)

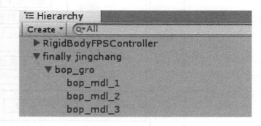

图 1-7　层级视图(Hierarchy View)

　　(5)层级视图(Hierarchy View)。Hierarchy View 用于显示场景中所有操作对象的层级关系,便于找到整个三维场景里绘制的所有虚拟对象,包括资源文件、预制件以及各种模型实例,能够清晰地反映文件物体之间的从属关系,如图 1-7 所示。在 Hierarchy View 中能够为虚拟对象创建父子化关系,方便进行移动、渲染。每一个操作对象其父对象唯一,子对象众多,子对象可从父对象继承数据,操作父对象会影响其所有子对象。

通过对 Unity 3D 软件进行功能架构分析,绘制 Unity 3D 功能框架如图 1-8 所示。Scene View 用于实现场景调试及动画制作,在 Sence 中创建 Game Object 物体,赋予的 Component 组件不同,产生的属性不同;利用 Shader 对模型、场景进行渲染,增强真实效果;利用 GUI 制作人-机交互界面;同时,所有操作物体的行为表现皆由 C♯ 设计的脚本语言来实现控制。

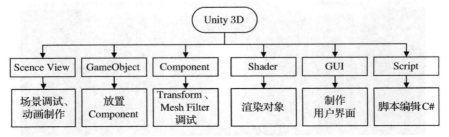

图 1-8 Unity 3D 功能框架

Unity 3D 可以以多种形式发布项目工程,打包成 .exe 可执行文件,可以在常用的 Windows、Linux 和 MacOS X 等系统中运行,也可以发布 WebGL 版在网页中运行。作为一种跨平台的开发软件,Unity 3D 让开发者省去了区分各平台之间差异的时间,减少了移植过程中带来的不便。

1.3.3 Web 技术

钻机优化控制 VR 仿真实验平台采用 Web 技术的 B/S 架构[39],通过前端和后端分离模式进行协作开发,在数据库的开发选择 PHP＋MySQL 的结构,完成平台前端页面设计、数据交互、数据可视化以及钻井井场模型加载和交互展示。该虚拟仿真平台 Web 前端总体架构如图 1-9 所示。

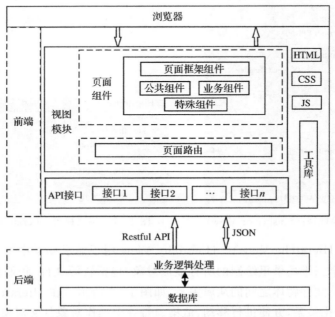

图 1-9 虚拟仿真平台 Web 前端总体架构

平台通过浏览器作为客户端为用户提供服务,前后端由 API 接口进行数据交互,后端数据库采用 MySQL 数据库系统[40]提供数据存储和访问。后端接收到用户请求,进行相关业务逻辑处理,通过 HTTP 协议传输到前端进行页面渲染[41]。前端架构的特点如下:

(1)视图模块作为虚拟仿真平台的前端展示,主要由页面组件和页面路由模块构成[42]。其中,页面组件包括页面框架组件、公共组件、业务组件和特殊组件,利用 HTML,CSS,JavaScript 相互配合实现;路由模块主要捕捉页面的 URL 变化,根据不同的 URL 匹配对应路由将相应组件填充到页面中。

(2)API 接口将具体的业务接口进行封装,通过接口将用户请求传递到后台服务端,把处理后的结果通过接口返回给视图模块,采用相对通用的 JSON 格式进行前、后端数据交换,由浏览器完成最终的页面渲染。

(3)工具库包括第三方库和自定义库,根据项目需求,将一些成熟的 JS 第三方库引入项目中,例如 three.js、jQuery.js 等。自定义库由平台开发者编写,主要对各页面的业务逻辑进行封装,分为页面公用自定义库和功能模块自定义库。

1.B/S 模式及 B/S 和 C/S 模式的比较

浏览器-服务器(Browser/Server,B/S)结构,是一种依托 Web 浏览器为客户端的网络模式[43]。B/S 结构中只需安装和维护一个服务器,服务器连接数据库,而客户端只需安装通用的浏览器,如 Microsoft Edge、Internet Explorer、Chrome 和 Firefox 等。将系统的核心功能的实现部分集中到服务器上,浏览器通过 Web 服务器到数据库进行交互。B/S 模式从传统的 C/S 模式的二层网络结构模式发展而来,到目前的多层网络结构模式[44]。B/S 简化了平台的开发和部署,同时客户端不用下载和安装任何特殊软件,只需通过一台连入互联网的电脑中的浏览器即可使用。B/S 对网络硬件环境要求相对较低,易于操作,维护和开发成本较低,从而有更广的适用范围。

主从式结构也称客户端-服务器(Client/Server,C/S)结构[45],其结构图如图 1-10 所示。C/S 结构是一种比较早的软件架构,把图形界面的程序的客户端和服务器区分开来。C/S 模式分为客户端和服务端两部分。客户端负责向服务端请求数据的同时也负责一部分的数据计算和数据存储。服务端主要负责对客户端请求的数据做出相应反馈,返回结果。其次还负责减轻客户端事件逻辑处理压力,保障系统稳定的运行。

但是,通过长期的时间检验也逐渐发现了 C/S 结构的一些缺点,例如:

(1)C/S 模式对网络情况要求较高,适用于局域网;

(2)使用时需要安装客户端,后期不易维护;

(3)可移植性不强,对不同的操作系统需要编写不同的程序;

(4)请求量过大会导致服务器相应变慢甚至崩溃。

图 1-10　C/S 结构示意图

B/S结构是从传统的二层C/S结构发展而来的,采用三层结构模式,如图1-11所示。在三层结构中,PC浏览器向Web服务器发出请求,Web服务器会向数据库发出查询操作,待查询结束之后数据库将查询结果返回到Web服务器,Web服务器将最终结果返回到PC浏览器,浏览器将最终的查询结果结合HTML等语言显示在网页中。

图1-11 B/S结构示意图

和C/S结构相比,B/S结构的系统核心功能的实现都集成在服务器中。数据处理、数据存储等操作都在服务器中,所以对客户端的机器配置要求不是很高。B/S结构通过提高服务器的配置为代价来降低客户端的配置,从而降低整体的成本。B/S结构的系统只需安装Web浏览器即可使用,后期版本升级和维护只需要将服务器中的软件系统升级,用户再次登录时就是最新版本的软件系统。

综上所述,相对于C/S结构,采用B/S结构不仅会大大降低维护人员的工作量,而且会降低总体成本和开发难度。目前国内外许多大公司也逐渐由C/S结构向B/S结构发展。因此本项目也选用B/S结构为系统结构。

2.Web前端开发

(1)Web前端开发语言。平台前端采用JavaScript、HTML和CSS语言进行页面开发。在开发虚拟实验中,利用3Ds Max建立三维虚拟井场模型,然后将模型导入Unity 3D引擎中完成油气钻机控制相关实验开发,打包发布成WebGL版后,部署到项目平台上。使用Three.js进行钻井井场设备认知实验开发,完成三维虚拟钻机在网页中的可视化展示。虚拟仿真平台所需的开发环境见表1-2。

表1-2 开发环境

硬件环境	名 称	软件工具	工具名称
操作系统	Windows10 64位	开发语言	JavaScript
处理器	Intel I7-8700K	代码编辑器	Visual Studio Code
运行内存	6.00GB	建模软件	3Ds Max
		虚拟实验开发	Unity 3D
		调试工具	Chrome调试插件

搭建好项目开发环境后,配置前端框架并进行部署,分级建立工程文件夹后,进入代码编写阶段,根据项目开发需求进行前期的HTML结构搭建,编写业务逻辑关系程序嵌套到HTML结构中实现平台功能。在代码编写过程中,避免出现规范错误,使项目开发按照标准化和规范化进行。平台Web项目目录结构(见图1-12)如下:

1)逻辑类文件夹放置JS文件,包括JS组件库、模板类JS和虚拟仿真平台各功能模块涉及并封装完成的接口JS等。

2)CSS文件夹放置公用组件的样式文件和虚拟仿真实验所需的样式文件,让页面的展示效果更加饱满、美观。

3）components 文件夹放置公用类资源,包括平台用到 icon 图标、一些页面图片以及公共且可复用的组件,如页面头部、底部和导航栏等。

4）experiment 文件夹放置虚拟仿真实验工程文件,包括实验用的组件、配置的工程文件和模型文件等。

5）page 文件夹放置向用户展示的页面,以.html 结尾,index.html 作为项目的入口文件。

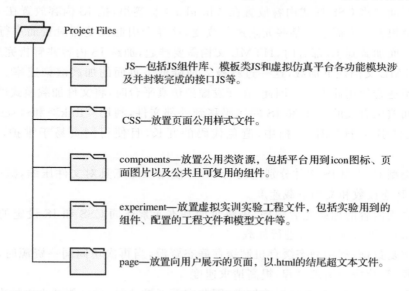

图 1-12　项目目录结构

（2）前端页面加载优化方案设计。页面加载过程是依靠浏览器进行的,浏览器根据返回数据一边进行解析一边进行渲染。返回数据包括加载相关文件、内联样式（CSS）、图片资源、渲染数据等。首先浏览器对 HTML 文件进行解析生成 DOM 树,然后解析 HTML 文件中各元素内联的 CSS 样式,生成 CSSOM 树,根据 DOM 和 CSSOM 构建渲染树,同时将图片以及其他资源经过解析,最后浏览器计算渲染树开始布局每个点,并在屏幕上进行绘制,页面最终显示过程完成。在这个过程中,浏览器加载和渲染的工作方式如下:

1）浏览器加载顺序是从上而下,渲染也是从上而下,两者同时进行;

2）浏览器在加载时遇到外部 CSS 样式文件,会启动新的连接获取该文件,但加载 HTML 文档不会停止;

3）当浏览器加载到 JS 脚本文件时,会停止解析 HTML 文档,而去加载 JS 文件并解析执行完成后,再去恢复 HTML 文档的加载;

4）如果 JS,CSS 等文件中对变量有重定义,后定义函数将覆盖前定义函数等。

浏览器在加载过程还会发生重绘和重排现象,重排（Reflow）是当 DOM 节点布局属性发生了变化时,生成 DOM 树中对应部分发生失效,浏览器重新计算该属性,并回到起点重新渲染。重绘（Repaint）是改变了 DOM 元素的背景颜色、文字颜色等,不影响周围其他元素或内部布局属性,浏览器根据元素的新属性重新绘制这一部分。重排比重绘更影响浏览器的加载速度,影响浏览器的渲染性能。因此,考虑浏览器的重绘和重排、页面加载时间、网站的稳定性,实现以下设计平台页面加载策略:

1)加快渲染时间；

2)提高网站效率,减少 HTTP 连接数,平衡整个平台的 HTTP 请求；

3)减少页面中 DOM 元素数量,避免页面的重绘和重排；

4)资源渐进展现,保证平台平稳、无卡顿。

(3)静态资源加载优化。静态资源主要是指 HTML 中的 CSS 文件、JS 文件和图片资源。在传统单一页面中将 CSS 样式内容放置在<header>标签里,把 JS 内容放置在 HTML 文档底部,而 JS 会根据页面需求对某些元素进行改变,这样会引起浏览器对页面进行重排或者重绘。同时当页面加载到 JS 部分时,HTML 文档需要挂起,加载 JS 内容并解析完成后,才能接着之前的 HTML 文档往下加载,这一过程极大地降低了页面的加载渲染速率。对于大型多页面项目更不适合使用此方式。因此,在开发虚拟仿真平台时,将文件加载模式做以下设计：

1)将页面渲染有关的 CSS 和 JS 的代码移到外部文件,利用<link>和<script>标签将 CSS 和 JS 文件引入 HTML 文档中,避免代码的冗长,且使得网页易于维护,页面加载速度快。

2)将同类型 CSS 和 JS 文件分别进行合并,并使用压缩工具对文件压缩,减少文件引用,可减少 HTTP 连接数和文档下载速度。

3)调整页面内容的加载先后顺序,先将页面基本元素连同 CSS 和 JS 设定的内容加载出来,将图片、flash 和视频等最后进行加载。

4)缓存重复数据,利用静态缓存机制缓存静态资源,当再次访问同一资源时,可直接调取本地缓存资源,简化资源请求过程,提高请求速度。

5)由于重排对资源加载速度影响较大,因此在页面设计时,尽可能减少重排次数和缩小重排的影响范围,或者将需要重排元素的 position 属性值设为 absolute,此元素定位模式就变成了绝对定位,它发生变化时将不会影响到其他元素。

6)图片在页面资源中占据一定分量,图片资源请求下载占有较大的数据量。因此,对图片优化处理可以减少浏览器请求数据量大小,图片占用数据量越小,浏览器的下载和渲染速度就越快。可通过对图片大小、格式以及对图片进行压缩等方式实现图片的加载优化。

(4)数据渲染优化。当用户通过浏览器发送请求时,服务器接收到请求后,调用相应接口将数据返回给浏览器,浏览器再进行渲染。这一过程中浏览器获取数据资源会耗时过多,致使整个数据渲染时间过长,影响用户体验。因此,页面数据渲染采用数据异步加载。这种方式是在数据资源返回时,服务器返给浏览器仅是一份不带数据的 HTML 模板,通过相应接口去获取数据和模板信息,并将获取的数据写入模板中,再交给浏览器进行渲染。

采用前、后端分离开发的方式,存在页面渲染以首屏渲染到次屏渲染的分层展示过程。在页面开始渲染时,HTML 文档中仅仅包含首屏 DOM 元素以及次屏的展示层的顶级 DIV 标签[46]。在不考虑用户滚动事件的前提下,网站的信息加载渲染的顺序为：服务器返回 HTML 文档后,先进行首屏内容渲染,根据 DOM 树层级完成首屏内容渲染；接着进行次屏内容渲染,在渲染时将次屏分层处理,加载第一个 DIV 层的 DOM 信息,并请求本层的数据信息完成渲染,加载第一层 DIV 时同时添加第二层的 DOM 树；以此类推,完成每一层的 DOM 树加载,并请求每一层对应的数据信息,直到所有 DIV 层渲染完成。当页面发生滚动时,浏览器捕捉滚动事件后,仅需将已经添加好的 DIV 层对应数据请求添加到请求队列的头部,进行数据请求和加载[47]。数据渲染流程如图 1-13 所示。

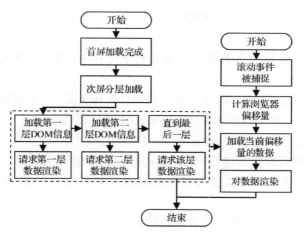

图 1-13 数据渲染流程

这种典型的首屏渲染到次屏渲染的分层展示过程使页面整体加载速度变慢,在优化方面可以作以下处理:

1)尽可能减少首屏加载过程中的请求次数。将同类请求进行合并,减少请求次数;将首屏中用到的小图片或图标文件可转化成 base64 格式字符串形式写在 CSS 文件或 HTML 文件中,减少请求次数。

2)使用<script>标签中的 async 和 defer 属性。对于功能独立且不需要马上执行的 JS 文件可使用 async 属性,它规定异步执行脚本;defer 属性规定是否对脚本执行进行延迟,直到页面加载结束,用于优先级低且没有依赖的 JS 文件。

3)预先加载首屏数据,使多个串行点并行化。将首页分为静态片段和数据片段:静态片段包括各元素标签,例如页面 Logo、导航栏部分和底部信息等;数据片段包含首屏数据的内联脚本。当浏览器请求首页时,利用 HTTP Chunk 分块传输方式输出静态片段,同时并行请求首屏数据,并在所有数据请求完成后将数据片段返回给浏览器。浏览器的渐进式渲染特性在收到静态片段并解析后立刻下载资源,由此巧妙地将资源加载节点和首屏数据请求节点并行化。在页面初始化完成后,首屏组件拿到数据进行渲染。

3.PHP 语言

PHP(Hypertext Preprocessor),中文名叫超文本预处理语言。PHP 最初是拉斯姆斯·勒多夫为维护个人网页维护所创建的[48]。为推动 PHP 的发展和程序的进步,拉斯姆斯·勒多夫将这一版本的 PHP 发布到社区中就成了正式版本中的 PHP 2。

1997 年,两名以色列程序员对 PHP 语法分析器进行了编写,为后期 PHP 3 的推出奠定了基础。

1999 年名为 Zend Engine 的语法分析器问世,随后以 Zend Engine 1.0 为基础的 PHP 4 问世。

2004 年 7 月,在多个预版本发布会上,基于 Zend Engine 2.0 的 PHP 5 正式发布,目前 PHP 5 也是最为广泛使用的版本。

PHP 是和 Web 结合使用率靠前的程序语言。PHP 语法与 C 语言相似,可以嵌入 HTML 代码中使用,目前动态网页的制作 PHP 贡献了绝大部分力量。相比于 ASP、Perl 等语言,

PHP 制作的动态网页响应速度有绝对的优势。

PHP 的优点具体如下：

（1）PHP 的执行速度得益于其将常用变量置于内存中不销毁，再次使用时不需二次编译即可使用。

（2）PHP 具有很强的可移植性，支持在不同操作系统上运行，兼容市面上绝大多数的服务器，并且对于目前流行的各大数据库 PHP 都有 API 对其开放。

（3）PHP 的语法有效结合了 C,Perl,Java 的特点。

（4）PHP 对动态网页的执行速度快，比 Perl 等的执行速度快很多。

（5）PHP 先编译再执行，所以很大幅度地提高了代码的执行速度，且 PHP 的安全性也较高。

（6）PHP 是不收取任何费用的，可有效地降低开发成本。

4.Ajax 技术

Ajax(Asynchronous JavaScript and XML)是 2005 年由 Jesse James Garrett 提出的，用来描述一种使用现有技术集合的"新"方法，包括 HTML（或 XHTML），CSS，JavaScript，DOM，XML,XSLT,以及最重要的 XMLHttpRequest。使用 Ajax 技术网页应用能够快速地将增量更新呈现在用户界面上，而不需要重载（刷新）整个页面，这使得程序能够更快地回应用户的操作。其作为一种创建交互式网页技术已经得到了较为广泛的应用[49]。Ajax 技术的优势体现在以下几方面：

（1）在表单中进行数据提交时，通过 JavaScript 对服务器做出响应，很大程度地降低了数据吞吐量，系统的相应速度也得以提升；

（2）在系统使用过程中页面无刷新，用户体验度好；

（3）Ajax 将服务器的工作压力分一些到客户端空闲的内存，降低服务器和带宽的工作压力，降低运行成本。

Ajax 执行过程原理图如图 1－14 所示。

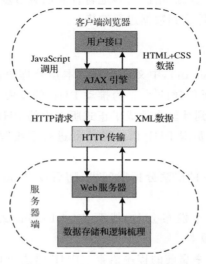

图 1－14　Ajax 执行过程原理图

　　Ajax 在浏览器与 Web 服务器之间使用异步数据传输（HTTP 请求），可使网页从服务器请求少量的信息，而不是整个页面。Ajax 基于的 Web 标准有 JavaScript、XML、HTML 与 CSS，并被所有的主流浏览器支持。Ajax 应用程序独立于浏览器和平台。

　　Web 应用程序较桌面应用程序有诸多优势。能够涉及广大的用户，更易安装及维护，也更易开发。不过，因特网应用程序并不像传统的桌面应用程序那样完善且友好。通过 Ajax 可使因特网应用程序可以变得更完善、更友好。

第 2 章 井场设备及井眼轨迹概述

2.1 井场设备及布局

2.1.1 井场设备

钻机是井场地面设备的总称,由动力机组、传动机组、工作机组、辅助机组以及控制机组等组成[50-52]。井场地面设备分布如图 2-1 所示。石油钻机是指在石油钻井过程中,带动钻具破碎岩石,向地下钻进,获得石油或天然气的专业机械。

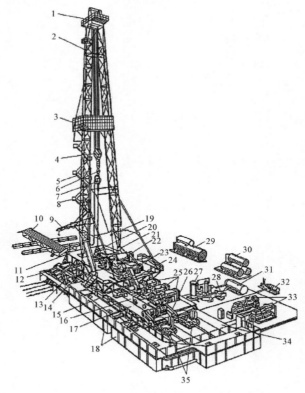

图 2-1 井场地面设备分布

1—天车;2—井架;3—二层台;4—游车;5—立管与水龙带;6—大钩;7—水龙头;8—梯子;9—吊杆;10—钻杆台;
11—钻台;12—振动筛;13—旋流器;14—钻台底座;15—后台底座;16—并车传动箱;17—后台;18—钻井液池;
19—快绳稳定器;20—转盘;21—控制台;22绞车;23—变速箱;24—爬坡链;25—柴油机组成;26—泵传动;27—空气清洁系统;
28—空压机;29—燃料油罐;30—润滑油罐;31—压气罐;32—离心泵;33—发电站;34—泵房平台;35—泥浆泵组

图 2-1 中的主要设备如下：

（1）井架：是钻机起升系统的组成部分，用于放置相关起升设备，作为起升设备的支架，可存放钻柱等，也作为操作人员的工作平台。

（2）天车和游车：是由钢丝绳穿引共同组成的钻机复滑轮系统，别称是游动系统。天车固定于井架顶部作为定滑轮组；游车固定于井架内部，上下往复运动作为动滑轮组。游动系统主要用于减轻钢丝绳、钻机绞车的负载。

（3）大钩：钻进时，用于悬挂水龙头并承受钻柱重量；起下钻时，用于悬挂吊环吊卡辅助起下作业；

（4）钻井绞车：作为起升系统的起重部分，随钻机类型的不同而改变其形式；用于传递动力，驱动转盘和滚筒，控制大钩负荷，向钻头施加钻压，以及确保正常钻进。

2.1.2　钻机的组成

石油钻机主要由钻具起升系统、旋转系统、钻井液循环系统、传动系统、控制系统、动力驱动系统、钻机井架/底座、仪器仪表及其他辅助设备系统等组成。

现代钻井方法主要是旋转钻井法，旋转钻机主要具备起下钻能力、旋转钻进能力和循环洗井能力，旋转钻机结构如图 2-2 所示。

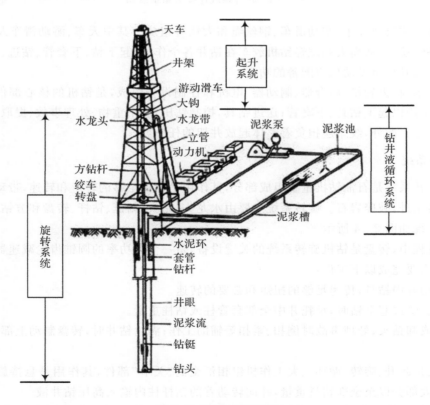

图 2-2　旋转钻机结构

1.起升系统

在钻井过程中,起升系统的主要由绞车、井架、游动系统(包括天车、游动滑车系统、大钩及钢丝绳)等组成,其作用是起下钻具、控制钻压、下套管、悬持钻具、更换钻头、钻头送进以及处理井下复杂情况和辅助起升重物等,具有一定的起重能力和起升速度,起升系统连接关系示意图如图 2-3 所示。

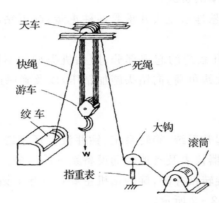

图 2-3 起升系统连接关系示意图

游动系统主要由天车、游动滑车、钢丝绳和大钩等组成。其中天车、游动滑车及大钩可以大大降低快绳拉力,从而大幅减轻钻机绞车在钻井各个作业(起下钻、下套管、钻进、悬持钻具)中的负荷和起升机组发动机应配备的功率。

绞车由滚筒、齿轮箱、离合器、制动器、电机和控制设备组成,是钻机的核心部件。在钻井过程中,绞车用以起下钻具、下套管;送进钻具,控制钻压;起吊重物、处理事故、提取岩芯筒、试油等各项作业。此外,绞车还担负着整体起放井架的任务。

2.旋转系统

钻机旋转系统是石油钻机重要组成部分,其作用是提供足够的转矩和转速,带动井内钻头和钻具旋转钻进,破碎岩石。旋转系统主要由水龙头、钻头、钻铤、钻杆、转盘和方钻杆等组成。钻机旋转系统如图 2-4 所示[53]。

钻井过程中,转盘是钻机旋转系统的关键设备,是一个大功率的圆锥齿轮减速器。钻井过程中,转盘主要完成以下工作:

(1)转动井中钻具,传递足够的扭矩和必要的转速。

(2)下套管或起下钻时,承托井中全部套管柱或钻柱重量。

(3)完成卸钻头,处理事故时倒扣、紧扣等辅助工作;涡轮钻井时,转盘制动上部钻杆,以承受反扭矩。

水龙头是起升、旋转、循环三大工作机组相汇交的"关节"部件,其作用是悬持旋转着的钻杆柱,承受大部分以至全部钻具重量,并向转动着的钻杆柱内输入高压钻井液。

钻机旋转系统工作时,电动机经齿轮箱传动带动转盘,转盘通过方钻杆来带动钻柱,钻杆带动钻头从而实现钻头旋转钻进。控制绞车刹把,调节施加到钻头上的钻杆重量大小,即可调节钻压的大小,以适当钻压连续旋转破碎岩石,同时钻井液持续循环,携带被钻头破碎的岩石碎屑,通过钻杆和井筒的环形空间返回地面。随着井深不断地加深,钻杆的长度会不断地增加。钻井液还具有冷却和润滑钻头的作用,并控制着井底压力。钻机旋转系统井下部分由底部装置底部钻具组合(Bottom Hole Assembly,BHA)和钻杆组成,底部装置包括钻头,稳定器以及钻铤。

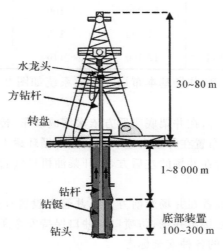

水龙头
方钻杆
转盘

30~80 m

1~8 000 m

钻杆
钻铤
钻头

底部装置
100~300 m

图 2-4　钻机旋转系统

2.1.3　井场布局

1.钻井工程

钻井工程包括石油钻采和油田勘探等领域,可用于油气构造的寻找与验证,是获取石油、天然气等能源的重要环节。借助钻机设备,将地层钻成圆柱形孔眼直至储藏层,实现与能源的连接,成为获取资源的通道。随着地质环境越加复杂,钻井深度不断提高,对于钻探的技术要求越来越高,旋转钻取代了钝钻,成为目前最常用的钻井方法[54]。

钻井是一项涉及多个领域、汇集多种技术的作业,其施工复杂性强,需要多系统密切配合才能顺利完工。通常,一口井的作业分为钻前工程、钻井工程以及完井工程,每项工程都具有自己的工作流程。钻井主要工序包括定井位、道路勘测、基础施工、安装井架、搬家、安装设备、一次开钻、二次开钻、钻进、起钻、换钻头、下钻、完井、电测、下套管、固井作业等。除石油行业外,钻井工程也被应用于其他领域,诸如地质、煤田、建筑等行业。

2.井场布局

钻井井场是施工作业的场地,分为生产区和生活区两部分。在满足地质设计井底坐标要求条件下,应选择地形有利,少占耕地,少修公路,靠近水源,有利于安装防喷管线和污水处理设施的地点作为井场生产区[55]。以使用的钻机型号作为井场生产区设计依据。井架、柴油机、钻井泵、循环罐等设备的底座基础应建在井场挖方区域。井场的生产区要建有足够容量的污水池和沉砂池,不能污染周围环境,特别是农田、鱼塘、水库和河流等。生活区是钻井施工作业人员休息、食宿、学习和娱乐的活动场所[56]。标准井场最小有效使用面积见表 2-1。

表 2-1　标准井场最小有效使用面积

钻机级别	井场面积/m²	长度/m	宽度/m
20 及以下钻机	6 400	80	80
30	8 100	90	90
40	10 000	100	100
50	11 025	105	105
70 及以上钻机	12 100	110	110

以 ZJ70 钻机井场布局为例,井场基本布局及组成系统如图 2-5 所示。井场的设备布置应达到以下要求:

(1)井架底座以井眼为中心,在井架底座后方依次摆放绞车、传动轴、柴油机和钻井泵。

(2)钻井液固控设备通常布置在井场右边和右后方的循环罐上。

(3)发电机、油罐区应布置在井场的左后方,避开柴油机排气管出口的方向,要与井口保持足够的安全距离。

(4)防喷器远程控制台,设置在井场左前方。压井管汇设置在井架底座的左侧,节流管汇设置在井架的右侧。防喷管线接出井场,防喷口与井口保持安全距离。

(5)井场生产区设置明显的各种安全标志。

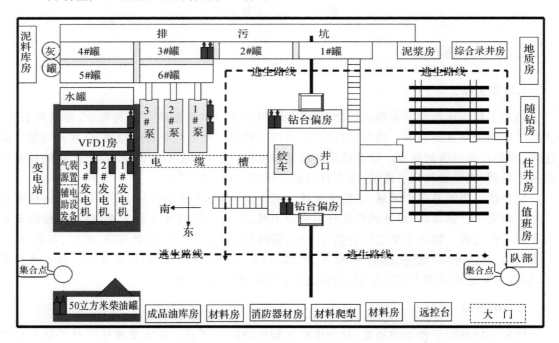

图 2-5　井场基本布局及组成系统

钻井工程理论及井场设备结构是构建三维井场的理论基础。钻机设备的尺寸大小、贴图效果、摆放位置是构建三维井场模型的关键问题。一个虚拟场景的真实性取决于实际场景,只有先模拟实际场景中的真实设备,才能构建虚拟沉浸式显示,为实现三维可视化打下基础[57]。

2.2 三维地层理论

2.2.1 三维地层

1.三维地层概述

地层是在很长一段历史时期内,地质沉积而成的堆积物。地质工程师根据地质堆积年代及力学特点,将其结构划分成层状与块状,故堆积地层不同,形成的地质现象不同。

三维地层模型是利用层状、块状地质体堆积、搭建出来的三维地质模型。对于研究地层、地质、岩石等方面的学者来说,三维地层模型能够更直观地反映复杂地质的环境和现象,以及地质现象的内部构造[58]。

三维地层复杂多变,为简化模型,将具有同一属性的地质环境作为同一地层,故不同地层的地质属性不同。相邻地层的交面被称为地层面,那么不同的地质环境就需要构建不同的三维地层。

因此,在进行三维地层建模之前,必须对地质环境进行详细的调查和模拟,才能建立更加贴近实际的真实地质环境。

2.三维地层划分

地层是历史岩石的积累,其地下分布呈现离散型,相邻的地层往往相互交叉,导致地质体交错复杂。故在三维地层划分时,应遵循地层沉积层顺序规律。由于地质结构经过漫长沉积,早期形成的地层掩埋更深,年代就更久远,且随时间变化而变化。同一时期的沉积岩具有相同的属性,在遵循沉积原理的同时,还应考虑沉积规律对地层沉积顺序的影响,不同地质环境沉积结果不同[59]。

遵循不同地层具有强大排斥的特性,并根据沉积年代判断,填土层位于其他土层之上,新近代沉积层位于填土层之下。遵循地质划分经验,目前的地层由经验丰富的岩土工程师根据测井、钻孔和地震资料,人为推断来解释、排序。

2.2.2 三维地层建模技术及其图形表达

1.三维地层建模技术

1993 年,加拿大学者首次提出三维地质建模技术[60],历经多年发展,形成多种建模方法。常见的有空间分解、边界表示、计算机几何实体等多种方法,可归纳为以下三大类:

(1)几何体模型:偏重在空间中对三维空间体结构进行分析和操作。其数据结构复杂,占用空间大,建模速度慢。最具代表性的几何体模型法有结构实体几何构模法、块段构模法、规则网格法以及四面体网格构模法等。

(2)层面模型:与几何体模型相比,善于描述三维空间体的表面。其存储量小,建模速度快。最具代表性的层面模型法有边界表示法、线框构模法、断面构模法、表面构模法以及多层法等。

(3)混合体模型:将上述两种模型混合起来,共同对三维物体进行描述。

三维地层可视化是数学建模技术与可视化技术的结合，本项目采用基于规则网格法来创建三维地层模型，在基于虚拟现实的技术下实现三维地层的可视化[61]。

2.三维地层结构的计算机图形表达

在漫长的历史岩石沉积过程中，不同的地质沉积条件积累的地层模块各不相同。要建立具有真实地质属性的三维地层模型，以实现三维地层的可视化显示，计算机的图形学就显得尤为重要。对于构造复杂的三维地质模型，不仅要反映向斜、背斜以及断层构造的关系，还要描述不同地质环境下的岩层单元属性[62-63]。本项目采用点、线、面和几何体等基础模型元素来创建三维地层模型。三维地层模型的数据结构如图2-6所示。

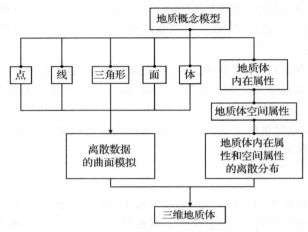

图2-6 三维地层模型的数据结构

2.3 井眼轨迹概述

2.3.1 井眼轨迹概念及主要参数

随着地质勘探技术的不断进步与发展，现有的科学技术可以预测地下油气储藏的位置，即钻井工程的靶心。所谓井眼轨迹，其本质上就是从井口处到储藏油气层所形成的钻井曲线，也就是一条空间曲线。选取最优井眼轨迹的前提是进行轨迹、地质参数的测量，设计井眼的空间轨迹形状，从而进行轨迹控制[64-65]。井眼轨迹大体分为以下两大类：

第一类：当地下油气藏位于井口位置的正下方时，采用铅直井井眼轨迹的设计，简单有效直达靶心。其本质就是井口到油气储藏层钻取的一条铅直轨迹。

第二类：当地下油气藏不处于选取井口位置的正下方时，或地质岩层的特殊时等，应该按照特定的钻井需求来设计、控制的钻井轨迹。根据钻井工程现场的实际地质环境，对井眼轨迹进行最优的调试与控制，按照预设井轨迹钻达目标层。

在井眼轨迹的划分中，将符合第一类情况的井称为垂直井，将符合第二类情况的井称为定向井。根据实际目标和轨迹路径，井又分为水平井、丛式井、侧钻井、分支井以及大位移井等。本书主要完成定向井的三维可视化的研究。

井眼轨迹是钻头钻进过程穿越地层达到目标靶点的一条几何轮廓轨迹,要描述一条井眼轨迹的基本参数有很多,如倾斜角、方位角、造斜点和垂深等,如图 2-7 所示。

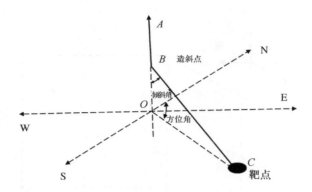

图 2-7　井眼轨迹的主要参数

(1)倾斜角。倾斜角(θ)即井眼轨迹的切线方向与垂直方向所成的角度,是井偏离垂直段时形成的。倾斜角的角度范围是 $0°\sim90°$,图 2-8 是二维坐标下的倾斜角。

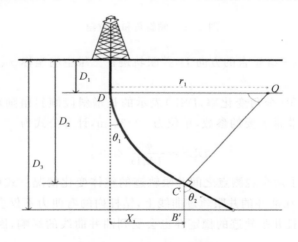

图 2-8　二维坐标下的倾斜角

倾斜角的定义为

$$\phi = \theta_2 - \theta_1 \tag{2-1}$$

式中,ϕ 为增斜段倾斜角的变化,(°);θ_1 为井眼轨迹在造斜点处的倾斜角,(°);θ_2 为井眼轨迹在增斜段结束时的倾斜角,(°)。

如图 2-8 所示,倾斜角的变化模型为半径为 r 的圆弧模型。通过引用半径为 r 的圆,可以得出半径 r 对应井眼轨迹的长度为

$$\text{TMD} = \frac{r\pi(\varphi_2 - \varphi_1)}{180} \tag{2-2}$$

式中,TMD 为井眼轨迹实际测量长度,ft(1 ft=30.48 cm);

（2）方位角。方位角指的是井口和总深度所在方向与正北方向之间的夹角。从上往下俯视钻孔时，将正北方向定义为0°或360°，正东方向定义为90°。将钻孔投影在北/南方向为 y 轴、东西方向为 x 轴的二维平面上时，井眼轨迹切线方向上角度的改变量称为方位角（φ），如图2-9所示。

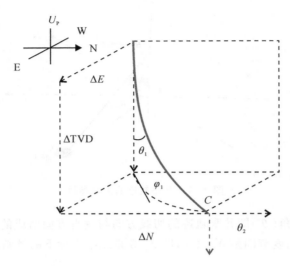

图2-9　倾斜角和方位角

由图2-9可知，在三维垂直的方向上，井眼轨迹在三维空间坐标 x、y、z 下具有一定的倾斜角（θ）和方位角（φ）。

（3）狗腿角。狗腿角（全角变化率，DSL）表示的是增斜段倾斜角随着实际垂深增加的速率，是井眼轨迹的一个非常重要的参数，单位为（°）/30 m，计算公式为

$$\text{DLS} = \frac{\varphi}{\text{TMD}} \times 30 \qquad (2-3)$$

狗腿角 DLS 描述了两个观测点之间井眼轨迹的整体变化情况。式（2-3）中，TMD 为实际测量井深（ft）。由于在油井的井眼轨迹曲线上，钻杆内的弯曲力不仅会引起钻杆故障、钻杆问题和套管问题等，而且井眼轨迹的稳定性也会受到油井曲线的影响，因此，需要对井眼轨迹的狗腿角进行约束。

1987 年 Lubinski 提出了一种计算井眼轨迹两测点间狗腿角的方法，计算公式为

$$\overline{D} = \frac{2}{\text{TMD}_2 - \text{TMD}_1} \arcsin \sqrt{\sin^2\left(\frac{\varphi_2 - \varphi_1}{2}\right) + \sin^2\left(\frac{\theta_2 - \theta_1}{2}\right)\sin(\varphi_2)\sin(\varphi_2)} \qquad (2-4)$$

式中，TMD_1 为井眼轨迹起点处实际测量长度，ft；TMD_2 为井眼轨迹终点处实际测量长度，ft。

（4）降斜点（Drop - off point）。降斜点指的是井眼轨迹倾斜角开始下降时的深度（趋于垂直）。

（5）位移。位移指的是穿过靶点与井口的垂线到井眼的水平距离。

（6）造斜点。造斜点（Kick of Point，KOP）指的是轨迹开始偏离垂直方向时井眼轨迹的深度。一般来说，为了减小井眼轨迹正切段的倾斜角，靶点越远，KOP 越浅，如图2-10所示。实际结果表明，应在稳定且钻井问题发生率低的地层中进行造斜，在较浅的地层中比在较深的

岩层中更容易造斜。

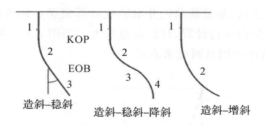

图 2 - 10　最常见的井眼轨迹垂直剖面类型

图 2 - 10 中,1 段、2 段、3 段、4 段分别为造斜段、增斜段、稳斜段、降斜段。

(7)测量深度(Measured Depth,MD)。测量深度指的是沿着井眼轨迹的井深。

(8)切向剖面。切向剖面是井眼轨迹保持一定倾斜度的剖面,主要是为了在实际垂深和垂直剖面上钻取井眼轨迹。

(9)垂直深度(True - Vertical Depth,TVD)。垂直深度(TVD)是方钻杆补心(Kelly Bushing,KB)和测量点之间的垂直距离。

(10)垂直剖面(Vertical Section ,VS)。垂直剖面(VS)是沿着预定义的方位角所计算的测量平面。

(11)正切角。井眼轨迹的正切角(又称漂移角)是井眼轨迹的长直部分的倾斜角(以与竖直方向的角度为单位)。正切角的角度范围通常在 $10°\sim60°$ 之间。

(12)井斜变化率。其指单位井段长度内,井斜角的变化值;常以两测点间井斜角的变化值,与两测点间井段长度作比值来表示。

(13)方位变化率。其指单位井段长度内,方位角的变化值;常以两测点间方位角的变化值,与两测点间井段长度作比值来表示。

2.3.2　井眼轨迹三维计算模型

在三维空间中,精确地设计和控制井眼轨迹是提高中靶率的关键。井眼轨迹是精确地描述从起点到目标靶点之间的路径。井眼轨迹的三维计算模型是数学表达式下所描述的井眼轨迹。

对于三维井眼轨迹模型计算方法常用的有正切法、平衡正切法、最小曲率法、曲率半径法、常曲率法等。为了更精确地计算井眼轨迹,通常将井眼轨迹看作是一条空间曲线或圆弧。其中最简单的计算模型是直线,而复杂的模型为使用球体和圆柱体的形状来描述这两点之间的轨迹。对于垂直井的井眼轨迹,即使使用最简单的直线模型也会得出精确的结果。然而,对于大位移井、定向井等复杂的井眼轨迹,过于简单的直线模型所得出结果的精确性误差会变大。因此用于描述井眼轨迹的模型会变得非常复杂。

不同模型计算方法的精度和优缺点不同,至于如何防止碰撞、到达靶点非常重要。钻井过程中对井眼轨迹建模,一方面可使实钻井眼轨迹与预计轨迹间的偏差变小,另一方面可增大钻进深度,提高钻井效率。

1.正切法模型

正切法也称为下切点法,是最简单的井眼轨迹计算模型。该方法通过最简单的直线法对观测点间的倾斜角和方位角进行计算,计算误差较大。如图 2－11 所示,计算出的井眼轨迹用 DB 表示,实际的井眼轨迹则用点画线来表示。

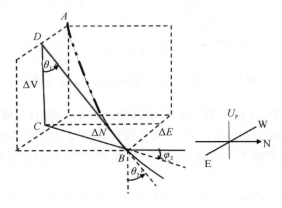

图 2－11　切线模型

正切法模型的计算公式为

$$\Delta V = \text{TMD}\cos\theta_2 \qquad\qquad (2-5)$$

$$\Delta N = \text{TMD}\cos\theta_2\cos\varphi_2 \qquad\qquad (2-6)$$

$$\Delta E = \text{TMD}\cos\theta_2\cos\varphi_2 \qquad\qquad (2-7)$$

式中,TMD 为两个测量点之间的测量深度,m;θ_1 为上测量站所测倾斜角,(°);θ_2 为下测量站所测倾斜角,(°);φ_1 为上测量站所测方位角,(°);φ_2 为下测量站所测方位角,(°);ΔV ,ΔN ,ΔE 分别为井眼轨迹在垂直方向、朝北方向、朝东方向的三维坐标下各个方向的增量。

2.平衡正切法模型

与正切法相比,平衡切向法计算精度更高,但实用性略弱。平衡正切法用两条直线来近似地表示井眼轨迹,两测点间的测段长度相等,且两线段的方向分别与上下两测点处的井眼轨迹方向相切,如图 2－12 所示。实际的井眼轨迹是一段圆弧,而近似的井眼轨迹是两条直线用"AD、DB"表示。

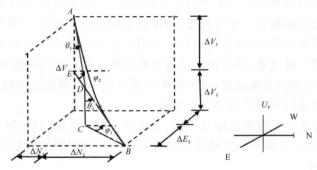

图 2－12　平衡正切法模型

平衡正切法模型的计算公式为

$$\Delta V = \frac{1}{2}\mathrm{TMD}(\cos\theta_1 + \cos\theta_2) \tag{2-8}$$

$$\Delta N = \frac{1}{2}\mathrm{TMD}(\cos\theta_1\cos\varphi_1 + \cos\theta_2\cos\varphi_2) \tag{2-9}$$

$$\Delta E = \frac{1}{2}\mathrm{TMD}(\sin\theta_1\cos\varphi_1 + \sin\theta_2\cos\varphi_2) \tag{2-10}$$

式中，TMD，θ_1，θ_2，φ_1，φ_2，ΔV，ΔN，ΔE 定义同式（2-5）～式（2-7）。

3.最小曲率法模型

最小曲率法利用比值因子将井眼轨迹看作两个测量点间的圆弧，假设井眼轨迹计算模型为半径为 R 的球体，如图 2-13 所示。这个比率系数由观测点间的整体弯曲度（狗腿角）决定。

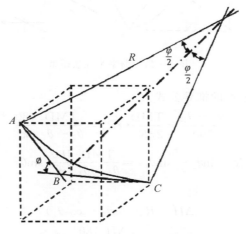

图 2-13　最小曲率法模型

最小曲率法模型的计算公式为

$$\varphi = \arccos[\cos\theta_1\cos\theta_2 + \sin\theta_1\sin\theta_2(\cos\varphi_2 - \cos\varphi_1)] \tag{2-11}$$

$$F = \frac{2}{\varphi}\frac{180}{\varphi}\tan\left(\frac{\varphi}{2}\right) \tag{2-12}$$

$$\Delta V = F \times \frac{1}{2} \times \mathrm{TMD}(\sin\theta_1\cos\varphi_1 + \sin\theta_2\cos\varphi_2) \tag{2-13}$$

$$\Delta N = F \times \frac{1}{2} \times \mathrm{TMD}(\sin\theta_1\sin\varphi_1 + \sin\theta_2\sin\varphi_2) \tag{2-14}$$

$$\Delta E = F \times \frac{1}{2} \times \mathrm{TMD}(\cos\theta_1 + \cos\theta_2) \tag{2-15}$$

式中，φ 为狗腿角；F 为比例系数。

最小曲率法被认为是非常准确的，是定向测井计算中被采用的方法之一。这种方法计算简单，容易实现。但是最小曲率法在长曲率上是精确度不高。

4.曲率半径法模型

曲率半径法又被称为圆柱螺旋法，曲率半径法模型如图 2-14 所示。该方法假设两测点间的测段曲线为一条等变螺旋角的圆柱螺线,螺线在两断点处与上、下两测点间的井眼方向线相切,在水平和垂直面上的投影均为一段圆弧,半径分别为 R_v 和 R_h。其中,等螺旋角指螺旋升角是变化的,且螺旋升角的变化与螺旋长度成正比,即 $d\alpha/dL$ = 常数。

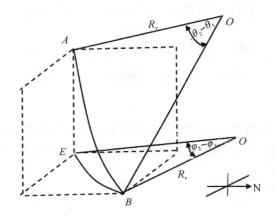

图 2-14　曲率半径法模型

垂直面上的曲率半径 R_v 的推导公式为

$$\frac{\theta_2 - \theta_1}{360} = \frac{\text{TMD}}{2\pi R_v} \leftrightarrow R_v = \frac{\text{TMD}}{\theta_2 - \theta_1} \frac{180}{\pi} \qquad (2-16)$$

$$\Delta V = R_v(\sin\theta_2 - \sin\theta_1) = \frac{\text{TMD}}{\theta_2 - \theta_1} \frac{180}{\pi}(\sin\theta_2 - \sin\theta_1) \qquad (2-17)$$

水平增量 ΔH 为

$$\Delta H = R_v(\cos\theta_2 - \cos\theta_1) \qquad (2-18)$$

$$R_h = \frac{\Delta H}{360} \frac{180}{\pi} \qquad (2-19)$$

向北方向的增量 ΔN 为

$$\Delta N = \frac{\text{TMD}}{\theta_2 - \theta_1} \frac{180}{\pi} \frac{\cos\theta_2 - \cos\theta_1}{\varphi_2 - \varphi_1}(\sin\varphi_2 - \sin\varphi_1) \qquad (2-20)$$

向东方向的增量 ΔE 为

$$\Delta E = \frac{\text{TMD}}{\theta_2 - \theta_1} \frac{180}{\pi} \frac{\cos\theta_2 - \cos\theta_1}{\varphi_2 - \varphi_1}(\cos\varphi_2 - \cos\varphi_1) \qquad (2-21)$$

式中,TMD,θ_1,θ_2,φ_1,φ_2,ΔV,ΔN,ΔE 定义同式(2-5)~式(2-7)。

5.常曲率法模型

为了得到更精确的井眼轨迹位置坐标,Planeix 和 Fox 于 1979 年提出了一种设计三维定向井的方法,旨在提出一种"更好的建模方法",向钻进工作人员提供更多有关于钻井方面的相关信息,如终点倾斜角、方位角和精确的造斜点等。常曲率法模型方法首先定义"弯孔处"的随机点 S,如图 2-15 所示。

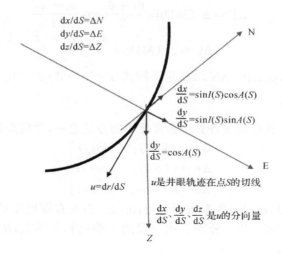

图 2-15　井眼轨迹上随机点的切向量

随机点 S 的表示为

$$\frac{\mathrm{d}x}{\mathrm{d}S} = \sin I(S)\cos A(S) \tag{2-22}$$

$$\frac{\mathrm{d}y}{\mathrm{d}S} = \sin I(S)\sin A(S) \tag{2-23}$$

$$\frac{\mathrm{d}z}{\mathrm{d}S} = \cos A(S) \tag{2-24}$$

式中，$\sin I(S)$，$\cos A(S)$ 为点 S 处的倾斜角和方位角。

6.平均角法模型

平均角度法模型主要求解上、下测量点的倾斜角和方位角的平均值,假设两组角度的平均值是测量深度上的倾斜角和方位角的增量,平均角法模型如图 2-16 所示。

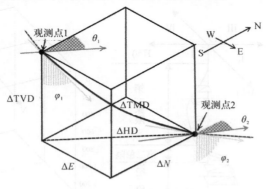

图 2-16　平均角法模型

平均角法的计算公式为

$$\Delta N = \Delta \text{TMD}\sin\frac{\theta_1 + \theta_2}{2}\cos\frac{\varphi_1 + \varphi_2}{2} \tag{2-25}$$

$$\Delta E = \Delta \text{TMD} \sin \frac{\theta_1 + \theta_2}{2} \cos \frac{\varphi_1 + \varphi_2}{2} \qquad (2-26)$$

$$\Delta V = \Delta \text{TMD} \cos \frac{\theta_1 + \theta_2}{2} \qquad (2-27)$$

式中,TMD,θ_1,θ_2,φ_1,φ_2,ΔV,ΔN,ΔE 定义同式(2-5)~式(2-7)。

7.圆柱螺线内插法

圆柱螺线内插法是井眼轨迹计算中最常使用的方法之一,井段坐标增量公式为

$$\left. \begin{array}{l} \Delta x = r(\sin j_2 - \sin j_1) \\ \Delta y = r(\cos j_2 - \cos j_1) \\ \Delta z = R(\sin \alpha_2 - \sin \alpha_1) \end{array} \right\} \qquad (2-28)$$

式中,Δx 为北坐标增量,m;Δy 为东坐标增量,m,Δz 为垂直深度增量,m;α 和 φ 分别为井斜角和方位角;变量的下标 1 和 2 分别表示井段的上端点和下端点;$R = \Delta L / \Delta \alpha$;$r = (\cos \alpha_1 - \cos \alpha_2)/R$;$L$ 为井深,m。

在选择井眼轨迹的建模算法时,首先要考虑地形地质,其次考虑井眼的钻进形态。通过对现有的井眼轨迹建模算法进行对比分析,得出曲率半径法、常曲率法、平均角法的计算精度较高,普遍适用性更强,可实现性更强。

2.3.3 井眼轨迹空间形态

井眼轨迹分为预测轨迹和实钻轨迹。预测轨迹是根据井场地质勘探结果,采用特殊的算法形成的曲线构成,包括钻前设计和钻进修正轨迹。实钻轨迹通常根据实际钻井遇到不同情况,而形成的不规律曲线。图示法与几何参数法都可以对井眼轨迹进行描述。图示法直观、形象;几何参数法准确、灵活。

(1)三维坐标图示法。三维坐标图示法首先建立右手空间坐标系,将井口定为坐标系原点,N 为正北方向,E 轴为正东,H 轴为垂深。沿井深绘制的井眼轨迹坐标如图 2-17 所示。由于井眼轨迹的显示略显单一,导致视觉立体感差,辅之以三维坐标来增强立体感,如图 2-18 所示。

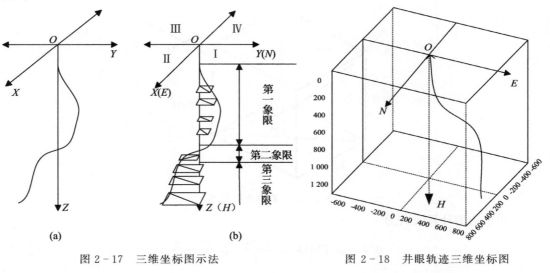

图 2-17 三维坐标图示法   图 2-18 井眼轨迹三维坐标图

（2）柱面图法。柱面图法[66]分为垂直剖面图和水平投影图。垂直剖面图是将柱面图展开为 2D 平面图,将井眼轨迹的曲线由空间转化到平面上;作井眼轨迹上的所有点的铅垂线,由这些铅垂线得到的曲面与水平面相交而得到的线条就是水平投影图。井眼轨迹柱面图表示法如图 2−19 所示。

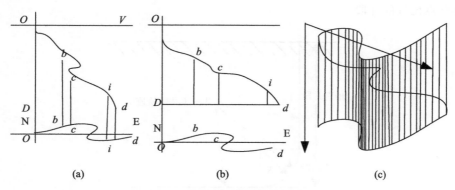

图 2−19　井眼轨迹柱面图表示法

(a)铅垂线;(b)水平线;(c)三维曲线

（3）投影图表示法。投影图由水平和垂直的投影[66]组成,垂直投影是从侧面投影到铅锤面而得到的图像,是由二维或三维井眼轨道平面设计而得到的曲面图形,水平投影是从正上方投影到水平面的图像,如图 2−20 所示。

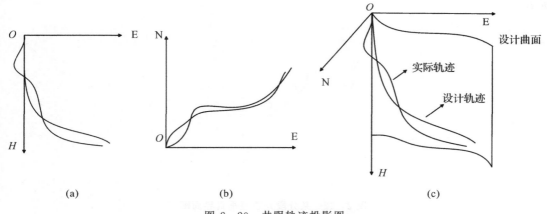

图 2−20　井眼轨迹投影图

(a)垂直投影图;(b)水平投影图;(c)三维坐标图

2.3.4　定向井的分类

在实际钻井工程中,钻井方式主要分为直井和定向井两种。直井又称垂直井,直接采用铅垂钻进的方式钻采。定向井是指按照事先设计的具有井斜和方位变化的井眼轨迹,钻井过程需要利用井斜、方位等参数计算得到测点坐标,并根据测点坐标进一步实施钻井作业。

在油气钻采工程中,简单的垂直井已无法适用当前日益复杂的井场环境和地层结构,大多钻井作业需要按照特定的要求设计定向井以实现钻采目标。定向井根据井身形态可分为水平井、分段井和分支井等[67]。

(1)水平井。水平井示意图如图 2-21 所示。水平井大致分为垂直井段、造斜段和水平段三个钻进过程。垂直井段基本和垂直井相类似;而造斜段要复杂得多,井眼轨迹在造斜段的偏转过程中会受到井斜角、方位角、造斜率等多个参数的影响;水平段是在到达垂深后,沿水平钻进到目标靶点位置的井段。

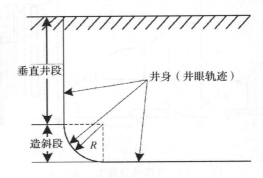

图 2-21 水平井示意图

(2)分段井。随着钻井作业环境日益复杂,定向井井轨迹分段也日益增多,例如位于深海、极地、深层等恶劣开采条件的油田。设计井眼轨迹需要躲开一些钻进难度较大的地层结构,选择较为稳定的地质结构与钻采环境,以提高钻采效率。某分段井轨迹垂直界面图如图 2-22 所示。

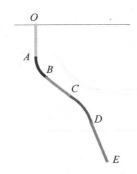

图 2-22 某分段井轨迹垂直界面图

在图 2-22 中,井眼轨迹分有以下 5 个分段组成:OA 垂直段;AB:造斜段;BC:稳斜段 CD:降斜段;DE:稳斜段。

(3)分支井。分支井又称丛式井,是指在同一个井场平台上,钻采不止一口甚至多口井的定向井群。各井的井口从同一个井场平台开始钻进,在到达地层某一深度后,分化出多个钻井轨迹,分化出的轨迹又延伸至不同方位的油田。在某些钻采环境下,分支井与单独的定向井相比钻采效率要高得多,被广泛地应用在海上钻井作业和极地钻井作业中[68-69]。

分支井除具有钻采效率高优点以外,主要还有以下优点:可满足钻井工程上某些特殊需要,如解决井喷的抢险井;可加快油田勘探开发速度,节约钻井成本;解决油气存储不集中的问题;便于油井的集中管理;减少运输流程,节省人力、财物的投资,实现多口井同时开采同时管理的需求。但在油气钻采作业中分支井钻采难度会大幅度增加,对技术与环境要求更加苛刻。某软件模拟的分支井示意图如图 2-23 所示。

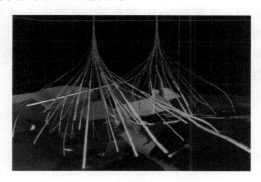

图 2-23 分支井示意图

2.3.5 井眼轨迹设计原则和计算方法

对于不同的油气田,其地质构造的不同决定了油气储藏量的大小。经过对地形的勘探,选取最佳的造斜点、最大井斜角以及最优的井眼曲率,能够设计最佳的井眼轨迹曲线,提高钻井收益[70-71]。井眼轨迹设计原则如下:

(1)设计原理。①低渗块状油层,采用多底井;②薄油层油藏,应采用水平井或增大井的斜度;③裂缝性油藏,应设计横穿裂缝型轨迹;④救援井以简单、实用、经济为基础,根据目标层位及靶区半径来设计。

(2)根据井场地面实地条件,同时考虑交通运输、管道铺设等实际情况,确定定向井井位与丛式井平台的位置尤为重要。

(3)在勘探地质结构后,在比较稳定、均匀的地层中选定造斜点;在考虑地层方位漂移的同时选择合理的钻头。注意过小的井眼曲率会导致造斜井段过长,增加井眼轨迹的控制难度。

(4)选择相对简单的地层剖面,观察自然地质环境,合理造斜,缩短井身轨迹路径,尽量确保垂直井段较长。同时,在剖面设计确保安全的条件下,提升钻速,控制成本。

(5)设计水平井剖面时,构建最简造斜曲线。

在钻井工程中,实钻井眼轨迹与设计轨迹会出现部分偏差,无法完全一致。为确保能够实现钻进靶心,达到最初的设计效果,就必须实时监测地下井眼的位置,时刻修正钻进参数,保持实钻井眼轨迹与设计的井眼轨迹大径一致。

定向井井眼轨迹的井身类型是由井场平台环境,地层构造,油气存储的位置、大小和分布等多种因素共同决定的。为了能够设计最佳的井眼轨迹,提高钻井收益,钻采之前需要对地形进行勘探与分析,选取最佳的造斜点、井斜角、方位角以及最优的井眼曲率,从而设计最佳钻采路线。

定向井井眼轨迹设计原则如下:

(1)定向井井眼轨迹类型不同设计方法也不同,因此先要区分井眼轨迹的分类,定向井的类型复杂多样,如水平井、分段井和分支井等。

(2)根据储油地层类型、采油工艺和完井方式决定设计井眼轨迹的结构类型,完井方式区分为裸眼完井或者下套管完井。

（3）造斜点的选择会决定钻采作业的难易程度，一般造斜点都选择在地质结构较为稳定且方便钻进的岩层。

（4）分支井应该尽量避免在井斜 45°～60°的范围内设计分支，此类角度对技术要求过高并且对现场环境要求苛刻，容易造成井下意外事故。

（5）根据地层、油压和井眼等实际情况，考虑造斜点与靶点间长度，以及水平段长度的设计，同时考虑钻井的合理性与高效性。

第3章 虚拟仿真平台需求分析和 Web 系统设计

通过对实际钻井井场环境和用户进行调研发现,在实际钻机优化控制系统学习和研究中,存在人才培养中"三高一长"问题。因此,针对人才培养需求,融合油气钻井工程、智能控制优化、虚拟现实和计算机网络等技术,开发出虚拟仿真实验平台具有实际价值和广阔前景。

首先,分析油气钻机远程交互优化控制实验平台的设计需求;其次构建仿真实验平台的整体结构,并按照功能合理划分了各个功能模块,实施并行开发;再次综合分析本实验平台仿真实验教学内容、平台管理、质量评估等方面的需求,确定 Web 前端和数据库的非功能性需求和功能性需求;最后完成从仿真平台主页面、平台资源信息展示、用户数据管理、虚拟仿真实验、资源共享管理、平台数据统计可视化等 Web 前端开发,以及门户网站模块、登录注册模块、后台管理模块、虚拟实验模块和平台教学质量管控模块等后端数据库的开发。

3.1 虚拟仿真平台需求分析

钻机远程交互优化控制虚拟仿真平台主要面向石油院校相关专业学生、油企业钻井工程研究人员和操作人员等用户,应实现相关专业学生、研究人员对油气井场设备、钻井现场的认识,井眼轨迹优化及可视化,钻井工程操作和研究,以及石油企业钻井工程操作人员的培训。

针对用户相关知识背景、层次不同,用户分布广以及在实际钻井平台实现人才培养中"三高一长"问题,分析油气钻机远程交互优化控制虚拟仿真平台需求应从以下三个方向上满足用户的需求:

(1)虚拟仿真实验内容的设计应"由浅到深、由面到点、由知到研"递进式地展开;

(2)前端的交互界面设计应简单友好,操作流畅,符合行业标准;

(3)数据库的设计应合理,便于维护和后期的扩充。

因此,采用 Web 技术的 B/S 架构实现前后端分离,平台前端采用 JavaScript,HTML 和 CSS 语言进行页面开发,采用 Mysql 免费数据库,通过 E-R 描述实验平台各个数据表之间的关系,确定数据库的概念模型。虚拟仿真平台的 Web 前端的呈现直接影响到用户体验,同时为满足用户需求需要不断扩充业务,将平台设计成具有合理性、稳定性和可扩展性显得尤为重要。

3.1.1 平台设计目标

以虚拟实验系统为基础,开发出一套基于数据库的油气钻机远程交互优化控制实验平台。作为一个以教学为目的的实验平台,在进行数据集中管理的同时要为师生用户提供一个友好、完整且高效的实验平台。在设计本实验平台的之初,应考虑以下几方面:

（1）界面简洁且友好。考虑到使用本平台用户的计算机操作水平可能不同，对于计算机的熟练度也不同，在界面设计上要尽量做到醒目、易找、简洁等。不能出现用户由于不知道怎么操作计算机而导致实验暂停的情况。

（2）具有易用性。易用性以用户为中心，其设计重点在于使得软件系统的设计能够符合用户的使用习惯和需求[72]。虚拟实验平台作为一个教学平台，在操作设计上应该尽可能地简单明了，减少用户的使用压力和挫败感，尽最大可能地提高用户的学习效率。

（3）具有可扩展性。可扩展性是指实验平台代码结构具有后期的易维护性，在系统开发的过程中，应保持软件开发的组件化思想，降低模块与模块之间的耦合性。在项目开发时增加和删除代码可以自由、灵活地进行，不会出现牵一发而动全身的情况。

（4）具有安全性。安全性是一切属性的前提，系统若不能安全可靠的运行，则用户数据、实验数据、机器本身将会完全暴露在外界，继而出现数据泄露、信息丢失等情况。因此保证系统具有很强的安全性是系统运行的前提。

3.1.2 平台需求分析

1.平台的非功能性需求

根据油气钻机优化控制虚拟仿真实验的需求、实际的用户及使用环境，该虚拟仿真平台的非功能性需求如下：

（1）稳定性需求。平台保持稳定运行是尤为重要的。平台内容展示的稳定性，需要通过使用模块化开发方式，减少代码之间的耦合性实现；从结构的稳定性考虑，应提高平台发生故障时快速恢复对外服务的能力。

（2）安全性需求。油气钻机远程交互优化控制实验平台的安全性需求是影响到整个实验平台的运行状态的重要因素。具体需求如下：

1）系统需要有一定的故障处理能力及故障记录能力，同时系统的数据库都应该符合安全标准；

2）系统对重要数据和核心数据进行加密保护，只有一部分具有权限的用户才可访问；

3）进入平台必须通过唯一的登录接口进行安全验证。

（3）易用性需求。油气钻机远程交互优化控制实验平台必须具备简洁的用户操作界面，使得用户可以方便地进行实验相关操作。在具体操作步骤上应尽量简洁明了，做到醒目、易找、简洁等。

（4）可维护性需求。可维护性是指实验平台代码结构具有后期的易维护性。为了能够方便对油气钻机远程交互优化控制实验平台的后期维护，在系统开发的过程中，应保持软件开发的组件化思想，降低模块间的耦合，模块只负责自己的功能。

（5）可靠性需求。对于一个软件系统而言，运行时的可靠性是系统基础且重要的属性之一。只有满足可靠性，后续需求才有保障。在测试阶段，对每一个功能模块都应设计完整的测试用例，并进行测试，在发现漏洞后及时修改。

（6）扩展性需求。随着平台业务逻辑的不断增加，后期需要进行扩展、维护和升级。因此在开发平台时利用模块化开发方式。

2.平台的功能性需求

VR 仿真实验平台是基于 Web 网络技术和虚拟现实技术,建立钻井现场设备 1:1 的虚拟仿真实验实训环境。开发钻井井场设备认知实验、井场环境漫游和钻机控制实操实验等项目,既能解决钻井场景环境要求严格、操作流程复杂和安全隐患等问题,又将实验过程实现虚拟可视化,使平台的操作更智能、更方便,提高用户的体验感,避免真实钻井过程研究的风险性和时空局限性,降低人才培养成本。油气钻机远程交互优化控制虚拟仿真平台主要有以下功能:

(1)平台资源信息展示功能。平台信息包括平台概况、师资队伍、设备环境、实验特色、技术架构、学术研究等基础信息管理,方便用户实时查看。

(2)虚拟仿真实验功能。以实际钻井井场环境为依据,油气钻机远程交互优化控制虚拟仿真平台实验包含井场设备认知实验、井场环境漫游、钻机控制实操和钻机控制优化研究等 4 个实验。仿真实验具体需求如下:

1)在井场设备认知实验中,开发钻井井场设备、井场环境、钻井二层平台、井下油气储层和司钻房认知。

2)在井场环境漫游中,用户可以第一视角在井场设备、井场环境、钻井二层平台等井场环境漫游,同时通过下载区可下载单机版的井场漫游和井下地层漫游插件。用户可在本机实现沉浸式的井场漫游和井下地层漫游。

3)在钻机控制实操环节中,开发起/下钻操作控制实验、钻井轨迹控制优化和定向井井轨迹的可视化。

4)在控制优化研究中,开发钻机 PID 控制的参数优选和钻井轨迹优化实验。但目前这两个实验只完成在 Matlab 环境中开发,后期将纳入网络实验平台。

(3)用户注册登录。实验平台需提供注册和登录的界面及接口,用户类型不同,平台也需要提供不同的界面及功能。油气钻机远程交互优化控制虚拟实验平台具备以下三种用户:管理员、教师和普通用户。

平台注册功能仅限普通用户注册使用,管理员和教师需由现有的管理员在后台管理界面进行添加。除了平台教学质量管控智能评估系统外,其余界面均不需再次登录,实验平台会将登录用户的信息数据发送到每个页面中。为防止用户的非法注册和登录,平台对注册登录部分进行了验证码判断,保证平台正常运行和用户数据的安全。

(4)平台教学质量管控智能评估系统。传统的教学质量管控是通过考试、成绩分析和试卷分析的方式进行,但这种方式对于数据管理人员和教师都有较大的工作压力,会有较多的重复性工作,工作效率低。在现如今科技水平和计算机水平的飞速发展条件下,将先进技术运用到教学质量管控中,逐渐成为新的教学质量管控方式。为此,平台教学质量管控智能评估采用数据库、Web 技术和智能算法相结合的方法,开发包含智能组卷、在线考试、成绩分析、试卷分析和交流反馈等功能的教学质量管控评估系统,最大程度地保证用户的工作效率和降低工作压力及重复性工作。

1)在线考试:通过网络的方式将其传播,最大程度地发挥其显著优势。将实验平台与考试系统结合,学生在实验课程结束后及时地进入考试系统参加练习,在考试时间内准时参加考试,系统自动阅卷,学生和教师都可以查询到参加考试人员的考试成绩。考试系统包含步骤化考试、正常考试和平时练习。

2)智能组卷:利用遗传算法搭建智能组卷系统,通过设置难度系数和题目数量来进行组卷。记录每次考试的难度系数,针对每个用户考试结果的不同来进行个性化难度系数设置。

3)成绩和试卷分析:考试结束后通过成绩分析和试卷分析,教师和学生都可以了解到考试人员知识的掌握情况。对知识点薄弱和擅长情况进行了解,方便教师有针对性的教学和学生有针对性的学习,提高教学和学习的质量、效率。

(5)交流反馈。平台教学质量管控智能评估系统设置了交流反馈功能,系统前台为交流反馈,系统后台为查看交流反馈内容。

1)前台:通过前台界面普通用户将自己考试和练习中遇到的问题,或者对平台的建议提交反馈到后台。

2)后台:教师在看到学生提出的问题后做针对性的解答,开发人员对这些建议做一整理,在后期平台功能和版本升级时参考。

(6)平台管理。管理员进入实验平台后台管理系统,可以分别对系统、内容和用户进行管理。其中系统管理主要负责管理系统信息和管理员本身。内容管理主要负责平台内部的信息,例如动态发布、平台概况、师资队伍等内容。用户管理主要负责添加、删除、修改用户信息。

(7)平台数据统计可视化功能。对平台的访问量做出统计,以及对用户参加实验的评定结果进行统计分析,并把数据做可视化显示处理,为平台以后的结构调整提供参考。

(8)资源共享管理功能。建立油气钻机控制相关资料、VR 相关资料和实验指导手册等资料库,对钻井钻机相关资料进行管理,支持用户进行资料下载。

3.2 仿真实验平台的技术路线及开发环境

3.2.1 仿真实验平台的技术路线

1.仿真实验平台的技术架构

油气钻机远程交互优化控制实验以钻机控制虚拟仿真实验为主线,融合了钻井工程、虚拟现实、智能优化和网络开发等技术,原创性地研发集钻井井场设备认知实验、井场环境漫游、钻机控制实操(井轨迹优化控制和起下钻控制)为一体的油气钻机远程交互优化控制虚拟仿真平台。该实验平台技术路线如图 3-1 所示。

在图 3-1 中,主要模型及开发工具、技术实现途径如下:

(1)采用 3Ds Max 实现井场设备 1:1 三维建模。

(2)采用 Unity 3D 实现井场设备/环境渲染、还原井场真实场景和布局;定向井井眼轨迹的虚拟可视化,以及虚拟环境的人-机交互控制;采用 C♯语言编程实现起下钻控制、井轨迹和钻头动态显示/控制。

(3)采用基于快速自适应的量子遗传算法实现井轨迹长度和控制转矩的优化,完成井斜角、井斜方位角和曲率的井轨迹控制参数的优选等。

(4)平台前端采用 B/S 结构,利用 HTML、JavaScript 和 CSS 开发实验平台前端界面/跳转控制,利用 Three.js 开发钻井平台设备认知实验。

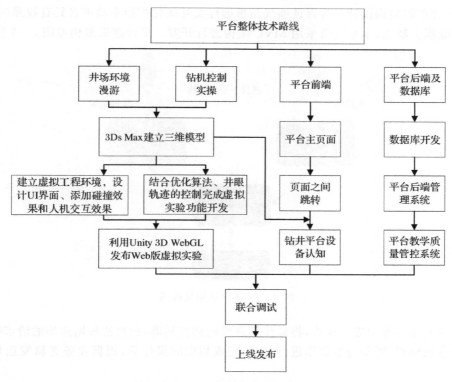

图 3-1　实验平台仿真设计技术架构

（5）平台后端及数据库利用 PHP，MySQL 和 Ajax 完成数据库，平台后端管理系统，以及平台教学质量管控系统开发。

本虚拟仿真实验为用户提供一种实时性、交互性、趣味性结合的学习体验，为教→学→练→考→反馈的闭环学习模式提供条件，克服在实际实践平台上无法开展人才培养的局限性。

经分析用户的需求和平台技术路线架构，平台应包含五个功能模块，分别是门户网站、用户登录注册、平台教学质量管控、虚拟实验和平台管理。

2.仿真实验网络平台架构

（1）平台物理架构设计。平台的物理架构包括 Web 服务器和数据库服务器。用户通过 PC 端的浏览器访问服务器，数据库服务器接收数据交互请求，Web 服务器接收前端的请求并进行数据处理。用户由管理员、教师和普通用户组成。平台物理架构图如图 3-2 所示。

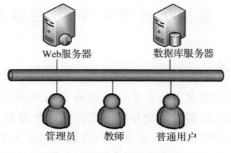

图 3-2　平台物理架构图

（2）平台逻辑架构设计。为保证油气钻机远程交互优化控制实验平台具有较强的扩展性、高内聚和低耦合特点，本系统将采用 MVC 架构进行开发。平台逻辑架构如图 3-3 所示。

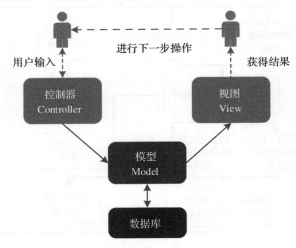

图 3-3　平台逻辑架构图

用户首先在界面中进行操作，将操作信息发送到控制器，控制器根据前端的请求类型发送相应的指令到模型，模型与数据库进行交互，完成相应的操作后，根据业务逻辑发送相应的视图到界面。

3.2.2　平台开发环境

平台前端采用 JavaScript，HTML 和 CSS 语言进行页面开发，利用前后端分离开发模式进行协作开发。在开发虚拟实验中，利用 3Ds Max 建立三维虚拟井场设备模型：一方面将模型导入 Unity 3D 引擎完成渲染、控制等开发，并将已开发油气钻机控制相关实验打包发布成 WebGL 版后部署到项目平台上，完成网络版虚拟实验的开发；另一方面，使用 Three.js 进行钻井井场设备认知实验开发，完成三维虚拟钻井井场设备在网页中的可视化展示。

项目开发环境（见表 1-2）搭建好后，配置前端框架并进行部署，分级建立工程文件夹后，进入代码编写阶段，根据项目开发需求进行前期的 HTML 结构搭建，编写业务逻辑关系程序并嵌套到 HTML 结构中实现平台功能。在代码编写过程中，避免出现规范错误，使项目开发按照标准化和规范化进行。

3.3　虚拟仿真平台 Web 前端设计

3.3.1　数据交互设计

油气钻机远程交互优化控制虚拟仿真平台采用前后端分离的方式进行开发，为了提高前后端协同开发效率，约定了前、后端数据交互的形式。前端主要负责数据的显示，通过 API 接口与后台建立连接。用户进行操作，平台根据用户的请求通过 HTTP 协议与服务器端进行交互，在接收请求数据后，响应数据以 JSON 的格式返回，最终浏览器解析数据以新的页面显示信息。前、后端数据交互流程如图 3 - 4 所示。

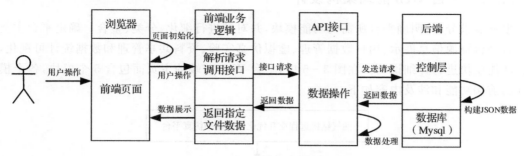

图 3 - 4　前、后端数据交互流程

1.数据接口请求

数据交换接口的作用是按照接口文档的参数对服务器内的数据进行请求调用。基于 HTTP 方式进行数据请求,编码格式统一为 UTF - 8 编码,请求和响应数据格式为 JSON。接口请求格式说明见表 3 - 1。

表 3 - 1　接口请求格式说明

请　求	属性名	是否必填	备　注
Request Headers	RequestMethod	必填	HTTP 请求方法
	sysCode	必填	系统代码
	dataSM3	必填	数据 SM3 摘要,用于数据完整性校验
	dataAuth	必填	鉴权码
	dataFormat	选填	Content 中传输数据的格式,默认为"JSON"
Content	dataCount	选填	本次传输的数据记录条数,默认为 1,多条记录传输时,不超过 100 条
	dataContent	必填	JSON 格式字符串数据

2.接口返回格式

当前端调用后台提供的接口进行数据请求时,服务器端将返回统一的数据结构,具体的数据结构见表 3 - 2。

表 3 - 2　接口返回格式说明

返　回	属性名	是否必填	备　注
Request Headers	HTTP Status Code	必填	HTTP 状态码
Content	Message	必填	返回的消息包括: 1.请求成功时为返回消息内容; 2.HTTP 状态码≥700 时返回错误信息字符串
	errorUniqueIdList	必填	异常消息主键和原因构成的 JSON 对象,key 值为异常主键值,value 值为异常原因,HTTP 状态码≥700 时返回。

3.3.2　平台 Web 前端架构设计

根据需求分析,明确平台所需的功能模块,并对其进行细化、分类、整合。确定平台主要模块包含平台资源信息展示、用户数据管理、虚拟仿真实验、资料共享管理和数据统计可视化,并对各功能模块进行详细说明。在图 3-5 中,平台 Web 前端的主页面包含 5 个模块,各个模块设计的前端功能和涉及内容如下。

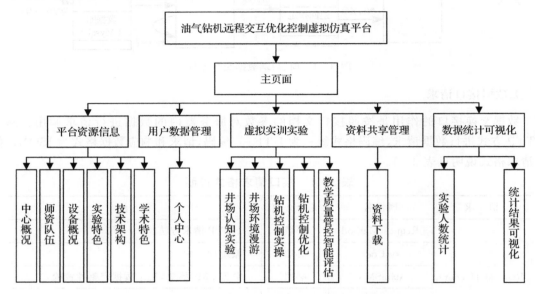

图 3-5　虚拟仿真平台的功能模块架构(实验要改)

1.平台主页面

虚拟仿真平台的主页面分为导航栏、实验项目轮播图、登录、平台信息和底部信息组件。平台主页面结构如图 3-6 所示。

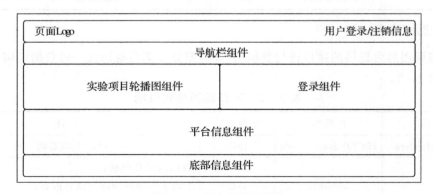

图 3-6　平台主页面结构

(1)导航栏组件。导航栏组件分布在主页面最上部。导航栏的内容设计是网页中最重要的交互元素,便于向各功能模块页面跳转。因此,在规划设计网站导航栏时,要做到信息简练,目标指向性强,根据这一因素将导航栏设计成首页、中心概况、师资队伍、设备环境、实验特色、技术架构、学术研究和资源共享等 8 个导航部分,比较全面、快捷、系统地指引用户在平台上进行学习和研究。

(2)实验项目轮播图组件。实验项目轮播图组件是将虚拟仿真实验项目以图片的形式进行循环播放,为用户提供实验内容展示,在用户登录平台后可点击选择进入虚拟仿真实验项目。

(3)登录组件。登录组件为用户提供登录服务。登录组件放到主页面中是为用户登录提供便利。

(4)平台信息组件。平台信息组件分布在主页面下方,用于该平台宣传的视频和平台的通知发布,可让用户通过视频和平台新闻公告相关内容来了解和使用平台。

(5)底部信息组件。底部信息组件放在主页面最底部,展示平台的版权信息和平台相关链接。

2.平台资源信息展示

虚拟仿真平台资源信息展示主要从平台的主页面出发,将平台资源信息展示分为中心概况、师资队伍、设备环境、实验特色、技术架构、学术研究等方面。平台资源信息展示主要分布在主页面导航栏和主页面下方的平台信息栏,方便用户查看。

3.用户数据管理

用户数据管理分为管理员和普通用户,根据不同用户进行权限设置。

(1)管理员作为系统中权限最高的用户,可以对平台的每个模块进行管理。管理员操作用例如图 3-7 所示,管理员的功能如下:

1)用户管理:添加用户、删除用户、用户密码修改。

2)留言管理:审核留言、删除留言。

3)实验管理:实验维护、实验结果统计。

4)资源管理:资源添加、资源删除。

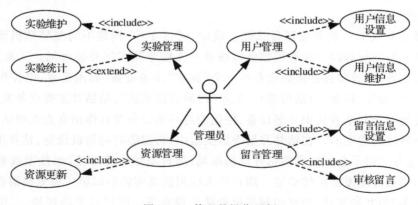

图 3-7 管理员操作用例

(2)学生或者其他用户为普通用户。普通用户操作用例如图 3-8 所示,主要功能如下:

1)用户管理:个人信息修改、密码修改。

2）实验管理：虚拟实验操作。

3）留言管理：发布留言。

4）成绩管理：考试和实验成绩查询。

5）资料管理：资料下载。

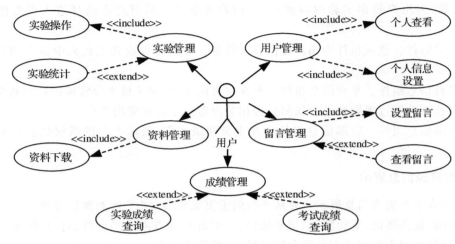

图 3-8　普通用户操作用例

（3）用户的登录、注册需求。用户在注册页面进行信息填写，完成注册，根据注册账号、密码在登录页面进行登录。

4.虚拟仿真实验

为了满足不同层次人群的学习研究需求，虚拟仿真平台设计了简捷明了、易操作的网页界面，按"由浅到深、由点到面、由知到研"递进式地设计实验内容，将复杂的钻机控制工程问题转化为交互虚拟仿真实验教学。

从油气钻机控制实际需求出发，将虚拟仿真实验分为井场认知实验、井场环境漫游实验和钻机控制实操三个环节。

（1）井场认知实验。在井场设备认知实验中，通过1：1构建不同型号钻机设备、钻井平台、司钻房和井场环境等油气钻机控制虚拟场景三维模型和实际井场布局。实验者在平台网页任意选择、旋转、缩放和远近距离查看每一个"真实"井场设备（如泥浆泵、电控房等）和井场二层台（如井架、绞车、转盘、司钻房等）。采用"漫画插图模式"，给钻井主要设备配上文字性标签，图文并茂地引导初学者认识井场设备，使他们对井场设备及其作用有直观的认识。

（2）井场环境漫游实验。在钻井井场漫游实验中，将渲染后的钻机设备、钻井平台、司钻房和井场环境钻井二层平台等按真实钻井现场布局，通过添加自然环境（如沙漠或雪地）、天空、植被和音效，增加井场漫游的体验感。用户进入虚拟仿真实验后以第一视觉漫游在井场，身临其境观看"真实"的井场环境、钻机控制平台和钻井设备等。沉浸式井场环境、二层平台漫游，强化认识和理解"实际设备"。

（3）钻机控制实操。钻机控制实操开发起/下钻操作控制、井眼轨迹优化控制及可视化两个实验。

1)搭建自适应 PID 仿真模型,用户在平台上搭建相关钻机控制仿真模型,将各模型连接,并选定自适应的 PID 参数,调用优选控制参数、被控对象模型参数以及动态特性评价目标函数,完成钻机控制和建模。采用优选的控制参数完成起/下钻操作控制。

2)井眼轨迹优化控制及可视要完成的主要任务如下:

(a)研究现有智能优化算法,设计适合多参量优化的算法,完成井眼轨迹参数的优化设计。

(b)实现井下地层可视化,设计控制定向井井眼轨迹可视化,完成多种定向井井轨迹可视化。根据优化参数控制和显示优化井轨迹。

(c)完成实钻井轨迹动态可视化。

实钻井轨迹和优化井轨迹的可视化,为后续研发随钻井轨迹的决策、纠偏和防碰提供可视化决策提供依据。

完成钻机控制优化实验的整体流程,从而在实践层面上对钻机控制优化有了一个全面的认识。

(4)钻机控制优化。该实验环节仍在建设中,拟打算将 PID 优化模型、智能优化算法实现可视化、模块化,降低钻机智能控制、先进算法的研究门槛,并将优化的结果通过 VR 钻机显示钻机控制效果。

5.资料共享管理

管理员根据虚拟仿真实验添加实验指导手册到资源共享页面中,整理关于油气钻井、钻机控制优化和 VR 相关资料,定位器、手持操作器和 leap motion 操作说明,以及单机版的虚拟仿真实验插件等,并展示在资源共享页面,用户可提供根据页面中文件名和文件类型进行查阅和下载。

6.平台教学质量管控智能评估系统

在教学质量管控系统,用户在完成井场设备、控制操作流程和井下油气储层特征的相关理论、概念和认知等理论知识后的综合考评后,可了解自己对相关知识的掌握程度。设计并开发教学质量管控系统,包含在线考试、评估分析、在线反馈和智能组卷等功能,以满足实验平台的教→学→练→考→反馈的闭环学习模式需求。

在线考试系统的考试内容以钻机优化控制虚拟实验操作流程和理论知识作为核心,考试主页面主要由题目和选项答案组成。在用户完成所有题目之后,系统会自动开始阅卷并在界面上显示本次考试的具体分数。

7.数据统计可视化和留言反馈

通过统计平台的实验访问量和留言信息的反馈,为后续平台优化、虚拟仿真实验内容调整,以及结构合理化提供依据。其中,平台的统计内容主要对网站浏览人数、实验浏览人数统计和做实验人数进行统计,对统计结果进行展示,同时把参加实验的评定结果进行统计分析,并以饼状图做可视化显示处理。用户在意见反馈模块以评论的方式反馈意见,教师在后台查看反馈信息,并根据反馈信息对试卷组成、题目难易程度等做出合理优化。同时,用户在实验、考试和练习过程中遇到困难均可以在反馈页面进行反馈。

3.4　虚拟仿真平台 Web 前端开发

搭建系统的开发环境,确定硬件开发环境和软件开发环境,构建平台 Web 前端的主要功能模块,完成平台主页面、平台资源信息展示、用户数据管理、虚拟仿真实验、资源共享管理以及平台数据统计可视化等功能模块开发。

根据页面加载优化方案,编写业务代码。设计各页面组件。页面组件是将页面按照其功能的独特性,拆分成各个独立的功能模块的过程。引入组件化的概念,尽可能将各功能模块设计成独立的组件,这样对平台整体性开发和功能扩展性都起到良好的作用。基于页面组件的设计思想,可以将一个页面看作是多个页面组件的集合,组件之间可以组合和嵌套。图 3-9 所示为平台页面整体结构设计,页面被划分为页面 Logo、导航栏组件、主内容组件和底部信息组件。其中页面 Logo、导航栏组件和底部信息组件为平台各页面的公共组件,主内容组件为各功能展示区域。

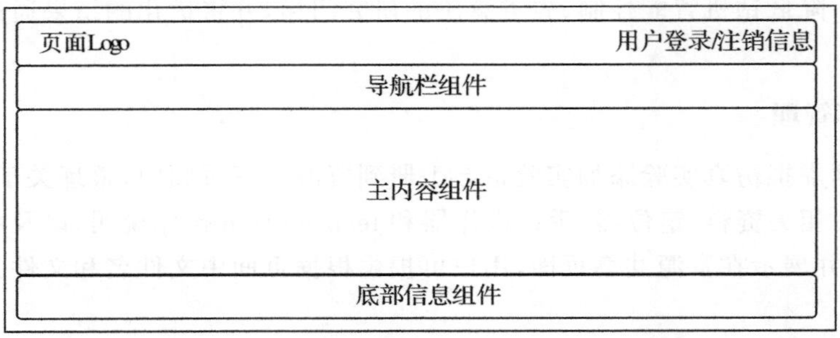

图 3-9　平台页面整体结构设计

页面的基本结构如下：

```
<! DOCTYPE html>
<html lang="zh-CN">
<head>
  <meta charset="UTF-8">
  <title>油气钻机远程交互优化控制虚拟仿真实验</title>
  <! ——引入 css 初始化的 css 文件 ——>
  <link rel="stylesheet" type="text/css" href="css/base.css">
  <! ——引入公共样式的 css 文件 ——>
  <link rel="stylesheet" type="text/css" href="css/common.css">
  <! ——引入页面特定样式 css 文件 ——>
  <script type="text/javascript" src="js/animate.js"></script>
  <! ——引入 js 文件 ——>
  <script type="text/javascript" src="js/jquery-3.4.1.min.js"></script>
  <script type="text/javascript" src="js/content.js"></script>
  <script type="text/javascript" src="js/common.js"></script>
</head>
<body>
```

```
<! ——页面 Logo start ——>……<! —— 页面 Logo end ——>
<! ——顶部导航栏 start ——>……<! —— 顶部导航栏 end ——>
<! ——主内容部分 start ——>……<! —— 主内容部分 end ——>
<! ——底部信息 start ——>……<! —— 底部信息 end ——>
</body>
</html>
```

在页面的基本结构中,由于页面组件不同,按照 CSS 性质和用途将 CSS 文件分成"初始化样式""公共样式""特定样式"依次引入页面中。依照页面划分在<body>标签中实现页面 Logo、顶部导航栏、主内容和底部信息对应内容。主内容中的页面组件和业务逻辑需要引入 JS 文件,其中提前引入 jquery-3.4.1.min.js 进行加载,其他模块化组件和业务逻辑设计依赖于 jQuery 插件库。

1.平台主页面

主页面是用户进入平台的首页,是留给用户的第一印象。它承担了一些必要的基础功能,即尽可能让用户通过首页了解到平台是做什么的,它还要起到引导作用,引导用户向各个功能页面进行跳转。主页面的简洁、美观设计就显得尤为重要。平台主页面是按照第 2 章主页面结构设计完成的,平台主页面如图 3-10 所示。

图 3-10　平台主页面

在图 3-10 中,平台主页面由 header,NavBar,carousel,login,statisticsResults,

InforBlock 和 bottom 组件构成。其中：

（1）header 组件位于页面头部用于显示平台名称信息，如"油气钻机远程交互优化控制虚拟仿真实验平台"；

（2）NavBar 组件是平台导航栏部分，是主页面的核心组件，如"实验介绍、中心概况、师资队伍……"等 9 个菜单；

（3）carousel 组件将各实验内容以图片的形式进行自动播放，达到预先浏览实验内容的作用；

（4）login 组件主要负责用户登录组件；

（5）statisticsResults 组件实现平台数据统计；

（6）InforBlock 组件包括视频组件和新闻公告组件；

（7）bottom 组件是页面底部信息组件。

页面中使用到的方法如下：

（1）carouselOperation()方法：调用 Autoplay()实现轮播图的自动播放。

（2）turnPage（）实现手动点击翻页，点击图片调用 jumpExper（），通过 location.replaceExper()跳转到虚拟仿真实验页面。

（3）在 login 组件中用到 handleLogin()方法，该方法用来验证用户输入的用户名、密码是否满足要求。jumpIndex()方法用于用户成功登录后，刷新页面首页。

2.平台资源信息展示

平台资源信息展示主要设置在主页导航栏中和主页面的下方，用户通过这两部分实现自由浏览。它们分别对应 NavBar 和 InforBlock 组件，组件里包含有多种标签，这里通过<a>标签来定义超链接，用于从一个页面链接到另一个页面。其中，平台资源信息展示中的技术架构部分页面如图 3－11 所示，是从"主页面→技术架构"跳转而来的，代码中的 href 属性所引入的是跳转目标链接。跳转到其他页面都是由 HTML 配合 CSS,JavaScript 实现的。导航栏定义部分代码如下：

```
<div class="navitems fl">
<ul><li><a href="EqEnvironment.html">设备环境</a></li>
    <li><a href="ExperFeatures.html">实验特色</a></li>
    <li><a href="TechArchitecture.html">技术架构</a></li></ul>
</div>
```

由于平台资源信息展示内容较多，此处只对技术架构页面设计进行说明。技术架构页面除了公共组件外还有 Intro 组件，内容上主要是对平台整体架构设计进行展示，涉及平台资源信息展示介绍，需要用到大量的文字、图片和视频资源填充，这些内容呈现需要 HTML 标签标注，标题用到<h1>到<h6>标签。其中<h1>表示一级标题；文字段落用到<p>标签；<img>标签用 src 属性写入图片的 URL，图片就能显示到页面中；视频的呈现用到<video>标签，并给 src 属性绑定视频 URL。为了页面显示美观、整洁，必须借助 CSS 样式功能，需要标签的 class 属性来规划，每一个 class 值，都在 CSS 文件里单独定义。图 3－11 技术架构部分页面部分代码如下：

```
<div class="details clearfix">
    <div class="left－content">
```

```
<h1 class="scrollTopPx" id="1">系统架构图及简要说明</h1>
<h1 class="scrollTopPx" id="2">实验教学项目</h1>
  <p style="text-align：center;"><img src="upload/jg.png"></p>
  <table align="center" border="1" cellpadding="1" cellspacing="1">
  <tbody><tr>
    <td style="text-align：center;"><p><strong>项目品质</strong>
      </p></td>
  <td><p>单场景模型总数:100000 面</p>
      <p>贴图分辨率:1024 * 1024</p>
      <p>刷新率:高于 30Hz</p>
      <p>正常分辨率 1920 * 1080</p>
</td></tr></tbody></table></div>
  <div class="right-side">
    <div class="side-catalog" style="visibility：visible；top：350px;">
    <div class="side-bar" style="height：74px;">
    <em class="circle start"></em><em class="circle end"></em></div>
    <div class="catalog-scroller">
      <dl class="catalog-list">
      <a class="arrow" href="javascript:void(0);">
      </a></dl></div>
    <div class="bottom-wrap" style="top：84px;">
      <a class="gotop-button" href="javascript:void(0);">
      </a></div></div></div></div>
```

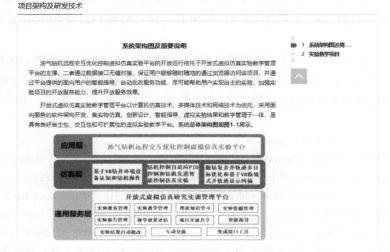

图 3-11　技术架构部分页面

在平台资源信息展示时,所用到的页面篇幅比较长,不利于用户浏览与阅读。此时引入

JavaScript 代码生成目录滚动器,先用 CSS 配合 HTML 做出目录样式,用 id 属性对标题 <h1> 进行标注,与目录中的标题建立对应关系。这样用户点击目录时,页面滑动至对应标题上,便于用户定位浏览,快速了解内容结构。TOP 按钮设置对应于代码中的 <a> 标签, class 属性值为 gotop–button,href 属性链接 javascript 脚本,控制页面回到顶部。

技术架构页面目录滚动器和 TOP 按钮实现的 JavaScript 代码如下:

```
$(function () {
    $('.side-bar').height($('.catalog-list').height() + 30);
    $('.bottom-wrap').css('top', $('.catalog-list').height() + 40);
    var id = location.hash.split('#')[1];
    $('a.title-link').eq(id).click();
    $(window).scroll(function () {
    scroll()})
function scroll() {//目录滚动器实现
    if ($(window).scrollTop() > 340) {
    $('.side-catalog').stop().animate({top: 15px'}, 100)}
    else {$('.side-catalog').stop().animate({top: 350px'}, 100)}
    $('.scrollTopPx').each(function () {
        console.log($(this).offset().top + "-------" + $(window).scrollTop())
        if (($(this).offset().top - 25) < $(window).scrollTop()) {
        var topPx = (this.id - 1) * 26 + 5
        $('.arrow').stop().animate({top: topPx + px'}, 300)}})})
    $('.gotop-button').click(function () {//TOP 按钮实现
        $(window).scrollTop(0)
        $('.arrow').css('top', '3px')})})})
```

3. 用户数据管理

(1)用户注册。用户数据管理主要提供用户注册和登录。其中用户在注册时,按照注册页面信息输入框填写用户信息,完成注册后,调用前端接口将用户信息传入后端并将数据保存到数据库中。

注册页面 registration 组件是页面核心部分,组件包含 <form> 标签,用于用户输入创建表单,表单包含大量的 <input> 标签,<input> 标签创建文本输入框供用户填写相关信息和创建提交按钮完成注册的最终提交。用户注册页面如图 3–12 所示。用户注册部分代码如下:

```
<form action="" method="post">
    <input type="text" placeholder="请输入用户名" name="username" class=" inp ">
    <input type="password" placeholder="请输入密码" name="password" class=" inp ">
    <input type="password" placeholder="请输入确认密码" name="password_repeat" class=" inp ">
    <input type="text" class="inp" id="gender" placeholder="请选择" list="sex">
    <input type="text" class="inp" id="career" placeholder="请选择" list="job">
    <input type="text" class="inp" id="education" placeholder="请输入您的最高学历" list="edu">
    <input type="text" class="inp" id="hobby" placeholder="请输入您的兴趣爱好">
    <input type="submit" value="完成注册" class="register-btn"> </form>
```

图 3 - 12 用户注册页面

在用户信息注册时,要进行表单验证,其中:

1)checkUserName()验证用户名是否符合设定格式要求;

2)checkPassword()验证输入密码是否符合设定格式要求;

3)checkRepassword()校验密码是否与上边的密码设置一致;

4)checkBlank()验证输入框是否为空,验证不符合相应设定后根据判断给出对应提示信息;

5)jumpLogin()注册完成后,通过 location.replaceLogin()跳转到登录页面,进行下一步登录操作。

(2)用户登录。用户在登录时需要进行身份验证,通过验证后才能进入平台并访问权限功能。用户登录流程如图 3 - 13 所示,在登录页面输入账号和密码信息,前端页面对输入信息进行合法性校验;校验通过后,系统向后台发送登录请求并与数据库信息进行比对;信息符合要求时,后台根据账号信息返回账号权限;用户成功登录后,开放虚拟仿真实验和资源共享管理模块等有权限的功能模块。

登录页面由 header 和 login 组件构成,header 组件位于页面头部用于显示平台名称信息,login 主要负责用户输入和操作的业务组件。用户登录页面如图 3 - 14 所示。

用户登录页面主要包含下述方法:

1)handleLogin()方法:该方法用来验证用户输入的用户名、密码是否满足要求。首先对表单引用对象 loginForm,采用 verification()方法验证用户输入的 username 和 password 是否合法,通过 prompt()方法提示合法信息。向服务器端发送信息请求,后端设计的查询方法验证用户信息。

2)jumpIndex()方法:用户成功登录后,通过 location.replaceindex()跳转到平台首页。

用户登录时序如图 3 - 15 所示,用户在登录页面进行登录,信息被登录接口提交后,将用户的登录信息发送给后端服务器,通过数据库查询,把查询结果以 JSON 格式的数据返回到相应的 API 接口中,登录成功完成页面跳转。

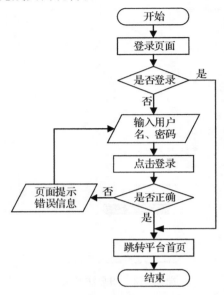

图 3 - 13　用户登录流程

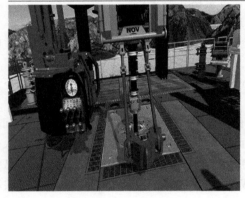

图 3 - 14　用户登录页面

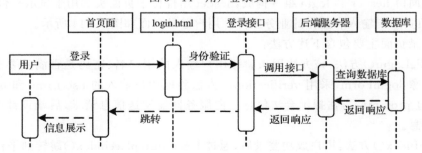

图 3 - 15　用户登录时序

　　(3)个人中心。个人中心是用户进行个人管理的入口,该模块包括用户管理、实验管理、成绩管理和留言管理等功能。在用户管理中用户可进行信息修改、密码修改;实验管理把用户做过的实验进行记录;成绩管理是将平台教学质量管控智能评估系统中的考试成绩和虚拟仿真实验结果进行记录,便于用户查看;在留言管理模块中,用户可进行留言操作。个人中心页面如图 3-16 所示。

图 3-16　个人中心页面

　　个人中心页面由 header、leftNavBar 和 rightContent 组件构成。header 组件位于页面头部用于显示平台名称信息;leftNavBar 组件包含 userManagement,experiManagement,score-Management,messageManagement 等组件;rightContent 组件负责显示 leftNavBar 组件中的各按键对应内容。页面中包含方法如下:

　　1)rightDisplay()方法:该方法调用 showrightcontent.js 中的 keyJudgment()方法,判断 LeftNavBar 组件中的哪个按键组件被点击,捕捉到被点击按键后调用 contentDisplay()方法填充 RightContent 组件。

　　2)jumpIndex()方法:通过此方法,用户点击个人中心的"首页"按钮跳转到平台首页。

　　3)updateInformation()方法:利用 updateData()方法将 rightContent 组件中对应的 infor-mation 组件修改为用户个人信息。

　　4)changePassword()方法:调用 passWord 组件生成的密码,页面在 rightContent 组件中进行展示,并使用 updateData()方法对密码进行修改,把修改后的密码存储到数据库。

　　5)experData()方法:将 experiManagement 组件内容展示在 rightContent 组件中,调用 showData()方法把实验记录显示在 RightContent 组件中。

　　6)scorerData()方法:将 scoreManagement 组件内容展示在 rightContent 组件中,调用

showData()方法把考试成绩和实验结果显示在 rightContent 组件中。

7)createMessage()方法：把 messageManagement 组件内容展示在 rightContent 组件中，调用 postMessage()方法完成留言发布。

用户登录后，点击页面右上角个人用户名进入个人中心，通过点击 leftNavBar 组件中的用户管理、实验管理、成绩管理和留言管理按钮，平台会将相关操作页面显示到 rightContent 组件中。根据页面内容进行相应操作，对于要提交的数据，前端进行校验后向后端发送请求，后端处理后将结果返回，浏览器将返回的数据渲染到页面中，供用户查看。

4.虚拟仿真实验

虚拟仿真实验通过主页面进入，点击导航栏中"实验项目"按钮，页面链接到实验项目选择页面，实验选择页面也是根据平台页面整体结构设计的，除了公共组件外中间内容为 ExpArea 组件，包含钻井平台设备认知、井场环境漫游、钻机控制实操和钻机控制优化（建设中）四个实验内容和一个教学质量管理智能评估系统，以供用户进行选择。虚拟仿真实验页面如图3-17所示。

图3-17 虚拟仿真实验页面

　　在进入主页面后,先进行用户登录,登录成功后用户方可操作虚拟仿真实验。但在未登录情况下,用户没有权限访问虚拟仿真实验页面,也就没法进行实验操作。这种需求是考虑到对用户的请求进行拦截,避免非法用户访问。实验业务流程如图 3 - 18 所示。

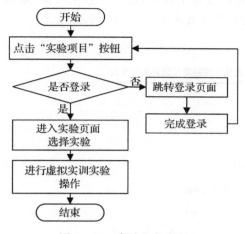

图 3 - 18　实验业务流程

　　点击主页面中的实验项目按钮后,checkLogin()方法判断用户是否登录,未登录调用 jumpLogin()跳转到登录页面,进行用户登录,获取页面操作权限;已登录后通过 jumpExper()方法使页面跳转到虚拟仿真实验页面,ExpArea 组件将各实验内容图片和实验名称进行展示,为用户提供选择,点击实验后,judgingChoice()方法进行判断用户选择了哪项实验,调用 getExper()方法请求后端获取整个实验工程文件,返回后展示给用户。

　　实验时序如图 3 - 19 所示。

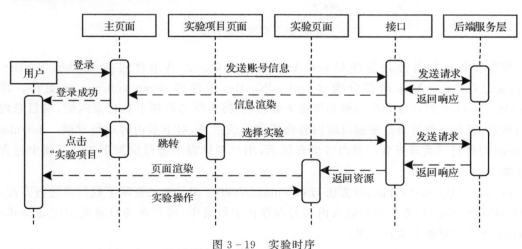

图 3 - 19　实验时序

　　虚拟仿真实验内容的开发不同于平台的前端开发,虚拟仿真实验设计分两种实现方式:一种是利用 Unity 3D 虚拟引擎软件设计油气钻机相关虚拟实验,另一种是利用三维引擎库进行钻井井场设备认知实验的开发。具体设计见第 4 章。

5.资源共享管理

资源共享管理主要为用户提供相关资源下载,可下载内容包括实验指导手册、油气钻机相关资料和 VR 相关资料。用户登录平台后,进入平台主页面,点击导航栏中的"资源共享"按钮,进入资源下载页面。资源共享页面如图 3 - 20 所示。

图 3 - 20   资源共享页面

资源共享页面由公共组件和 resoArea 组件组成。公共组件包括 header、NavBar 和 bottom 组件。resoArea 组件分为 downloadNavBar 组件和 downloadContent 组件。其中 downloadNavBar 组件分为搜索框和资源下载目录:搜索框与资源下载目录匹配,对目录内容进行搜索;资源下载目录是根据资源内容将资源分成三类,对下载内容进行导航。download-Content 组件将三类可下载资源内容填充展示,用户根据需求进行资源下载。页面中包含的方法如下:

(1)searchButton()方法:该方法与 downloadNavBar 组件中的资源下载目录进行匹配,调用 DireComparison()方法判断输入内容是否存在于目录中,将存在的目录展示在 download-NavBar 组件中资源下载目录里。

(2)experData()方法:将 downloadNavBar 组件中资源下载目录展示在 downloadContent 组件中,调用 showDownload()方法把相对应资源文件名展示在 downloadContent 组件中。

在进入主页面后,同样也需要进行用户登录,登录成功后,用户点击"资源共享"按钮,跳转到资源共享页面,用户根据需求进行资源下载。资源下载业务流程如图 3 - 21 所示。用户进行资源下载时序如图 3 - 22 所示。

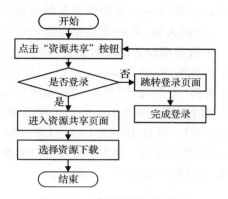

图 3-21　资源下载业务流程

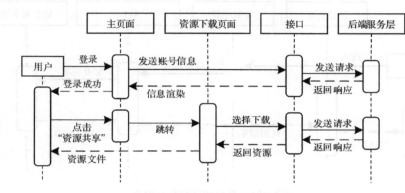

图 3-22　资源下载时序

6.平台数据统计可视化

平台数据统计主要有平台的访问量统计和用户参加实验的评定结果统计两种方式。平台将统计数据进行分析,并将分析结果以饼状图的形式做可视化显示。平台数据统计由 statisticsResults 组件实现,该组件由 dataBar 组件和 piechart 组件构成,dataBar 组件对实验人数和实验通过率结果进行展示;piechart 组件以饼状图的形式对数据进行可视化显示,其位置展示在平台主页面中。平台的数据统计页面设计如图 3-23 所示。

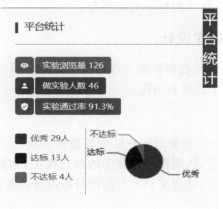

图 3-23　平台的数据统计页面设计

在平台的数据统计中,用 ExpeBrowse()方法做平台的实验浏览统计,接着再调用 check-ProjecJoined()方法统计做过实验的人数,并对实验结果进行分级统计。引入 piechart 组件,设置 piechart 中的 dataArray 中数据项和数据项的初值,清空原始数据,调用 ExtData()方法获得数据库中的分级统计结果数据,并通过 setOptions()方法将数据渲染到页面上;通过 openStatistics()方法,当鼠标放到"平台统计"区域时将隐藏的 statisticsResults 组件展示出来,当鼠标离开"平台统计"区域时调用 openStatistics()方法隐藏 statisticsResults 组件。

用户进入平台,完成实验环节后,经过 ExpeBrowse()方法和 checkProjecJoined()方法统计实验人数,并进行数据分析后,存入后台。通过 ExtData()向服务器端发送请求,接收响应数据后渲染页面。平台的数据统计时序如图 3-24 所示。

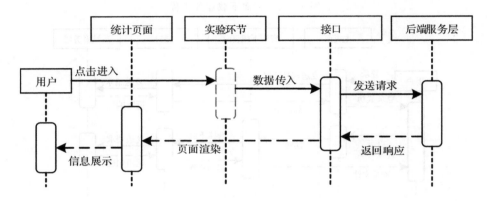

图 3-24　平台的数据统计时序

3.5　虚拟仿真平台数据库开发

根据油气钻机远程交互优化控制实验平台的需求分析和设计目标,确定系统的数据库 E-R 概念设计和数据库的各个数据表结构。通过对平台数据库的分析将一个复杂的实验平台拆解为门户网站模块、登录注册模块、后台管理模块、虚拟实验模块和平台教学质量管控模块,通过对各个模块的编码最终实现整个实验平台。

3.5.1　实验平台数据库设计

基于油气钻机远程交互优化控制实验平台的各项实际需求分析,设计出实验平台所需的数据库 E-R 概念模型和各个数据表结构。

1.数据库的概念设计

E-R(实体-联系)模型是一种面向用户的数据建模工具[73]。E-R 图可以清楚地描述实验平台各个数据表之间的关系,从而得出数据库的概念模型,为数据库表结构设计奠定基础。在数据库设计三范式的前提下,结合实验平台前期分析设计的基础,设计了如图 3-25 所示的系统 E-R 模型图。

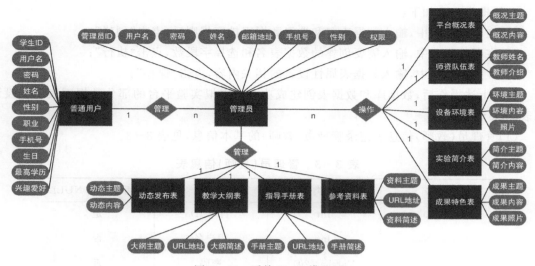

图 3-25 系统 E-R 模型图

2.数据库的表结构设计

实验平台的数据库均通过 phpMyAdmin 实现。数据库创建示意图如图 3-26 所示,新建数据表示意图如图 3-27 和图 3-28 所示。

图 3-26 数据库创建示意图　　　　图 3-27 新建数据表示意图(一)

图 3-28 新建数据表示意图(二)

具体操作步骤如下：

(1)在图 3-26 中,输入数据库名和选择数据库排序规则后,点击"创建";

(2)在图 3-27 中,输入需要创建的数据表名和选择字段数,点击"执行";

(3)在图 3-28 中,输入数据表属性设置的相关内容,点击"保存"。

经过上述操作后,数据库和数据表创建成功。本虚拟实验平台的部分数据库表结构设计见表 3-3～表 3-9。

(1)管理员(教师)信息表记录管理员(教师)的基本信息,见表 3-3。

表 3-3　管理员(教师)信息表

列　名	数据类型	备　注	是否允许为 NULL
T_ID	Int	自增 ID	是
T_UserName	Int	用户名	否
T_Pwd	Varchar(20)	密码	否
T_Name	Varchar(100)	姓名	否
T_Sex	Varchar(10)	性别	否
T_Email	Varchar(100)	邮箱地址	否
T_Tel	Varchar(100)	手机号	否
T_purview	Varchar(20)	权限	否

(2)普通用户信息表记录普通用户的基本信息,见表 3-4。

表 3-4　普通用户信息表

列　名	数据类型	备　注	是否允许为 NULL
S_ID	Int	自增 ID	是
S_UserName	Int	用户名	否
S_Pwd	Varchar(20)	密码	否
S_Name	Varchar(100)	姓名	否
S_Sex	Varchar(10)	性别	否
S_Profession	Varchar(100)	职业	否
S_Tel	Varchar(100)	手机号	否
S_Birthday	Varchar(20)	生日	否
S_Education	Varchar(20)	最高学历	否
S_Interest	Varchar(100)	兴趣爱好	否

(3)平台概况信息表记录平台概况的相关内容,见表 3-5。

表 3－5　平台概况信息表

列　名	数据类型	备　注	是否允许为 NULL
View_ID	Int	自增 ID	是
View_Title	Varchar(100)	概况主题	否
View_Content	Varchar(100)	概况内容	否
View_AddTime	Datatime	添加时间	否
View_Adder	Varchar(20)	添加者	否

（4）师资队伍信息表记录实验室与平台相关的教师信息，见表 3－6。

表 3－6　师资队伍信息表

列　名	数据类型	备　注	是否允许为 NULL
Quality_ID	Int	自增 ID	是
Quality_Name	Varchar(20)	教师姓名	否
Quality_Content	Varchar(100)	教师介绍	否
Quality_Pic	Image	教师照片	否
Quality_AddTime	Datatime	添加时间	否
Quality_Adder	Varchar(20)	添加者	否

（5）设备环境信息表记录与实验相关的硬件设备环境相关信息，见表 3－7。

表 3－7　设备环境信息表

列　名	数据类型	备　注	是否允许为 NULL
Set_ID	Int	自增 ID	是
Set_Title	Varchar(100)	设备环境主题	否
Set_Content	Varchar(100)	设备环境内容	否
Set_Pic	Image	环境照片	否
Set_AddTime	Datatime	添加时间	否
Set_Adder	Varchar(20)	添加者	否

（6）学术研究信息表记录实验室所获得的所有成果及实验室特色相关信息，见表 3－8。

表 3－8　学术研究信息表

列　名	数据类型	备　注	是否允许为 NULL
Achi_ID	Int	自增 ID	是
Achi_Title	Varchar(100)	成果主题	否
Achi_Content	Varchar(100)	成果内容	否
Achi_Pic	Image	成果照片	否
Achi_AddTime	Datatime	添加时间	否
Achi_Adder	Varchar(20)	添加者	否

（7）实验教学大纲信息表记录上传的实验教学大纲的内容，见表 3-9。

表 3-9　实验教学大纲信息表

列　名	数据类型	备　注	是否允许为 NULL
LeadLine_ID	Int	自增 ID	是
LeadLine_Title	Varchar(100)	大纲主题	否
LeadLine_Url	Varchar(100)	Url 地址	否
LeadLine_Intro	Text	大纲简述	否
LeadLine_AddTime	Datatime	添加时间	否

（8）实验指导手册表记录上传的实验指导手册的内容，见表 3-10。

表 3-10　实验指导手册表

列　名	数据类型	备　注	是否允许为 NULL
Manual_ID	Int	自增 ID	是
Manual_Title	Varchar(100)	手册主题	否
Manual_Url	Varchar(100)	Url 地址	否
Manual_Intro	Text	手册简述	否
Manual_AddTime	Datatime	添加时间	否

（9）实验参考资料表记录实验相关的参考资料的内容，见表 3-11。

表 3-11　实验参考资料表

列　名	数据类型	备　注	是否允许为 NULL
Material_ID	Int	自增 ID	是
Material_Title	Varchar(100)	资料主题	否
Material_Url	Varchar(100)	Url 地址	否
Material_Intro	Text	资料简述	否
Material_AddTime	Datatime	添加时间	否

（10）实验动态发布信息表记录教师发布最新的平台相关动态信息，见表 3-12。

表 3-12　实验动态发布信息表

列　名	数据类型	备　注	是否允许为 NULL
System_ID	Int	自增 ID	是
System_Title	Varchar(100)	动态信息主题	否
System_Content	Varchar(100)	信息内容	否
System_Adder	Varchar(20)	添加者	否
System_AddTime	Datatime	添加时间	否

(11)实验课程简介表记录教师发布的最新的实验课程介绍,见表 3 – 13。

表 3 – 13　实验课程简介表

列　名	数据类型	备　注	是否允许为 NULL
Intro_ID	Int	自增 ID	是
Intro_Title	Varchar(100)	简介主题	否
Intro_Context	Varchar(100)	简介内容	否
Intro_Adder	Varchar(20)	添加者	否
Intro_AddTime	Datatime	添加时间	否

3.5.2　实验平台数据库设计与实现

1.门户网站模块

门户网站的设计主要包括信息展示、实验项目和资源共享,如图 3 – 10 所示。

(1)信息展示。信息展示包括中心概况、师资队伍、设备环境、实验特色、学术研究、技术架构和资源共享的介绍,同时还包括对平台新闻动态公告的展示。该部分由平台管理员进行维护和更新。信息展示部分设计了 5 个数据表,分别是平台概况表、师资队伍表、动态发布表、设备环境表和学术研究表。

(2)实验项目。实验项目包括钻井井场设备认知、井场环境漫游、钻机控制实操和钻机控制优化(建设中)四个实验内容和一个教学质量管理智能评估系统,以供用户进行选择。

(3)资源共享。资源共享包括实验指导手册、实验教学参考资料和实验教学大纲的共享。用户进入该部分后,只需选择所需的文件,点击"下载"按钮即可。资源共享部分设计了 3 个数据表,分别是实验教学大纲表、实验指导手册表和实验教学参考资料表。该部分由平台管理员进行维护和更新。

2.登录注册模块

(1)登录。用户进入平台主页即可进行登录,输入用户名和密码后点击"确认登录"按钮即可进入本实验平台。本实验平台共有两处需要登录:

1)主页面的登录:输入登录信息时,首先对用户输入账号进行验证,若输入非法账号类型,登录界面则会提示输入格式错误的信息。对于输入账号和密码不匹配的用户,登录界面则会提示用户名或密码输入错误的提示信息。实验平台用户登录界面如图 3 – 29 所示。

2)实验平台后台登录:登录实验平台后台系统时还需输入验证码进行验证,输入错误也会导致登录失败。实验平台后台登录界面如图 3 – 30 所示。

(2)注册。新用户需进行注册方可进入平台,并使用其核心功能。注册时需输入用户名、密码、性别、职业、学历等信息。输入密码时,平台会对首次输入和二次输入进行验证,若输入不一致则会导致注册失败。输入其余信息时需按照指定的格式进行输入,否则也会导致注册失败。实验平台用户注册界面如图 3 – 31 所示。

图 3-29 实验平台用户登录界面（一）   图 3-30 实验平台后台登录界面（二）

图 3-31 实验平台用户注册界面

用户在注册界面输入相关内容时，需要根据后台规定格式输入。例如规定用户名为 3～10 位，若低于 3 位或者高于 10 位，界面会显示输入格式错误。

3.后台管理模块

后台管理模块是油气钻机远程交互优化控制虚拟实验平台的后台维护支柱，包括系统管理、内容管理和后台用户管理三个功能。

（1）系统管理。系统管理主要是负责平台系统信息的管理和平台管理员的添加和删除。其中管理员分为普通和超级两种类型，只有超级管理员具有添加和删除管理员的权力。系统管理页面如图 3-32 所示。

（2）内容管理。内容管理主要负责平台概况、师资队伍、设备环境、成果特色、课程简介的显示，包括网站动态信息的发布和教学大纲、指导手册、参考资料的上传。以平台概况为例，在系统后台管理中心中，可以添加、修改和删除平台概况中的内容。平台概况管理页面如图 3-33所示。

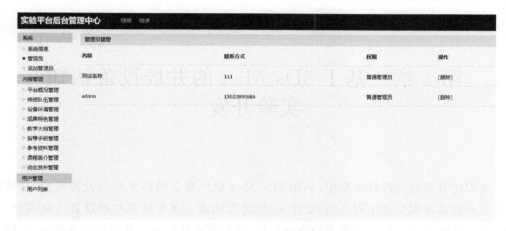

图 3-32 系统管理界面

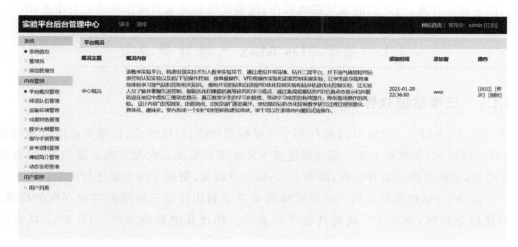

图 3-33 平台概况管理界面

（3）后台用户管理。管理员负责对平台所有用户进行编辑和删除。可编辑的信息包括名称、性别、职业、生日、学历、兴趣等。用户管理界面如图 3-34 所示。

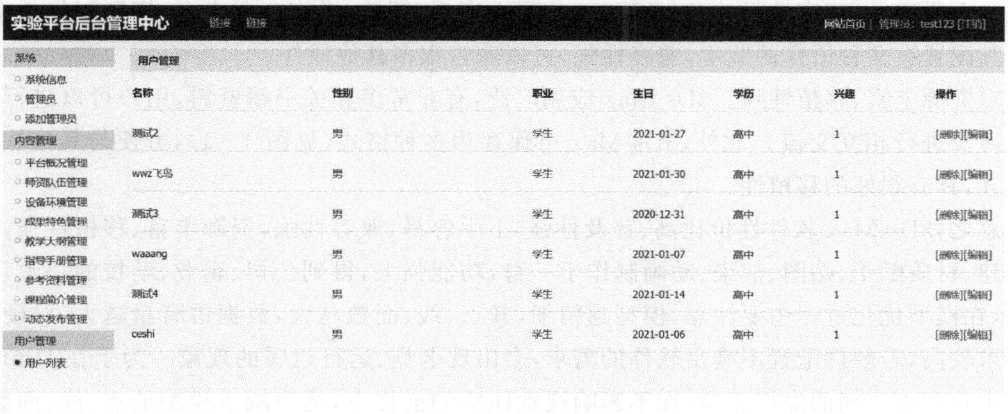

图 3-34 用户管理界面

第 4 章　基于 3Ds Max 的井场设备认知实验开发

在虚拟仿真实验的设计开发中,利用 3Ds Max 软件建立的钻井井场设备模型,并采用三维引擎软件搭建虚拟钻井工程环境,设计人-机交互功能。开发钻井井场设备认知实验,主要是针对初次接触油气钻机控制相关操作的用户,他们需要从认知钻井井场设备开始,了解井场各设备的名称和作用,为之后的油气钻机操作、控制优化相关实验操作和研究打下基础。

4.1　基于 3Ds Max 三维建模流程

4.1.1　三维建模软件 3Ds Max

(1)3Ds Max 简介。3Ds Max 软件用于三维模型搭建、材质赋予、贴图渲染以及动画制作等[74],其功能强大,简单易上手。其能够连接 VR 虚拟机实现二次元空间的虚拟显示,真实再现钻井过程,清晰反映出钻井流程,增强了人-机交互效果,更加方便专家进行决策。

(2)3Ds Max 软件优势分析。三维建模的本质是利用计算机构建现实中存在的物体,也可以构建概念物体,并在 PC 或者其他平台显示。相比其他建模软件,3Ds Max 具有以下优势:

1)性价比高、普及性强。3Ds Max 具有很高的性价比,对于硬件配置要求不高,能够在普通计算机中平稳运行,降低了应用基础要求,提高了经济效益,更加方便后期大量模型的制作,受到了公司的、企业、学校等研究人员的一致肯定。

2)上手容易、兼容性强。3Ds Max 操作界面直观、简单,操作命令齐全,模型制作效率高,同时其配置有多种语言的版本,兼容性强,可以兼容很多其他插件。

3)资源丰富、移植性强。3Ds Max 应用广泛,有非常多相关书籍资料,用户可以进行深度的学习及进行相互交流。此外,3Ds Max 可保存为多种格式(见图 4-1),方便与其他软件进行交互,具有很好的移植性。

总之,3Ds Max 软件性价比高、普及性强,上手容易、兼容性强,资源丰富、移植性强,集模型搭建、材质赋予、贴图、渲染、动画制作于一身,功能强大,得到公司、企业、学校的一致认可。但是,在模型优化过程中要注意,模型越精细,其点、线、面数越大,数据占有量越大,对硬件配置要求较高,若硬件配置不满足软件的需求,会出现卡顿、运行迟缓的现象。为了在 Unity 3D 引擎中获取更流畅的虚拟体验,在不影响视觉体验的前提下,适当减少模型的点、线、面数,并忽略用户无法观测到的细节。结合实际材质与贴图,使模型在虚拟世界中再现真实效果。

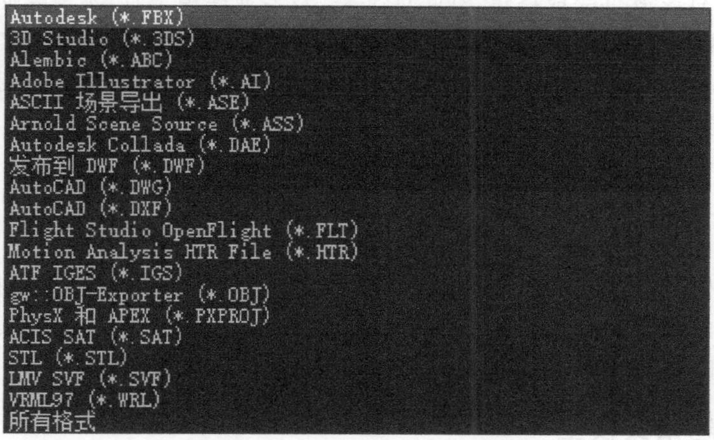

Autodesk (*.FBX)
3D Studio (*.3DS)
Alembic (*.ABC)
Adobe Illustrator (*.AI)
ASCII 场景导出 (*.ASE)
Arnold Scene Source (*.ASS)
Autodesk Collada (*.DAE)
发布到 DWF (*.DWF)
AutoCAD (*.DWG)
AutoCAD (*.DXF)
Flight Studio OpenFlight (*.FLT)
Motion Analysis HTR File (*.HTR)
ATF IGES (*.IGS)
gw::OBJ-Exporter (*.OBJ)
PhysX 和 APEX (*.PXPROJ)
ACIS SAT (*.SAT)
STL (*.STL)
LMV SVF (*.SVF)
VRML97 (*.WRL)
所有格式

图 4－1　3Ds Max 可保存格式

4.1.2　3Ds Max 三维建模流程

要完成钻井井场设备认知、井场环境漫游和钻机控制实操和钻机控制优化等实验的研究、开发，就必须建立完整的钻井工程的虚拟场景，包括井场布局、地层分布以及井眼轨迹的模型。本章通过对钻井工程的场景分析，根据井场的实时数据建立虚拟三维可视化模型，在创建场景内部设备的同时，建立虚拟井场环境，并利用真实事物的图片纹理进行 UVW 贴图设置，再利用 Photoshop(PS)和 Substance Painter(SP)软件对模型需要的贴图、纹理进行优化处理，最后打包导出 FBX 格式文件。整个三维模型建模流程如图 4－2 所示。

开始
收集模型图形、参数
建立基础模型、同一世界坐标
进行贴图、纹理处理
进行UVW处理
添加动画、设置帧数
打包导出FBX格式
结束

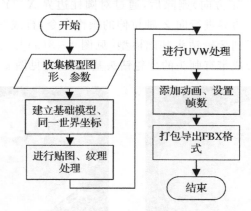

图 4－2　三维模型建立流程

在虚拟实验的设计开发中，利用 3Ds Max 软件建立钻井井场设备模型，并采用三维引擎软件搭建虚拟钻井工程环境，设计人-机交互功能。虚拟实验最终展示都是在浏览器中进行的，根据虚拟仿真实验类型可将实验的开发分成两种实现方式，第一种是利用 Unity 3D 虚拟引擎软件设计油气钻机相关的虚拟实验，第二种是利用 Web 前端相关技术实现钻井井场设备认知实验的开发。

在开发虚拟仿真实验之前，这两种方式都需要外部虚拟钻井井场模型。虚拟三维模型搭建主要利用 3Ds Max 软件完成搭建,3Ds Max 是 3D 专业建模工具,不需要使用者做过多的理论学习,就可实现静态和动态的场景模拟制作,其强大的功能使建模更加真实、更高效。

通过对真实井场设备进行分析,根据井场的数据建立虚拟三维可视化模型,在创建场景内部设备的同时,建立虚拟井场环境,最后打包导出.FBX 格式文件。

4.2　三维井场模型创建

建三维井场模型,是保证三维井眼轨迹可视化交互系统实现的基础和前提,模型的真实程度直接影响用户的体验效果。模型搭建的过程虽有不同,但是其结构、方法、命令相似。本节以创建钻头、钻杆、钻柱等模型为例,详细介绍模型的建立步骤和方法。

4.2.1　创建钻头模型

在钻井过程中,钻头作为破碎岩石的主要工具,井眼的好坏、寿命与其息息相关。科学地选择钻头类型,有助于提高钻进速度、降低钻井成本。此处选取两种常用的钻头(三牙轮钻头与 PDC 钻头)进行模型的搭建。

以创建三牙轮钻头为例,介绍建模过程与方法。首先,获取实际钻头相关部位的参数,例如水眼、轴承、巴掌、牙轮以及钻头体等相关尺寸的参数。然后观察主视图、俯视图、侧视图、底部视图、正交视图等。将两者相结合,才能进行建模工作。

(1)创建牙轮钻头基础模型。通过观察分析,决定将三牙轮钻头分为牙轮部分与底座部分分别进行建模:①建立一个边分段数为 12,高度分段为 2,断面分段数为 1(本章以后出现的建模断面分段数未特殊提及均为 1)的圆柱齿轮底盘齿轮底盘。②将其转化为可编辑多边形,将正面(坐标轴 Z 方向默认为正方向)删除后,通过对圆柱边界 X-Y 平面进行均匀缩放处理,形成一个新的边界,对新的边界进行向 Z 轴拉伸的操作命令,行成三牙轮钻头的第一层斜面。③重复三次同样的操作,得到牙轮钻头基础模型[见图 4-3(a)]。④选中模型每一层上的点对其进行挤出命令操作,形成带有刺头的牙轮钻头基础模型[见图 4-3(b)]。

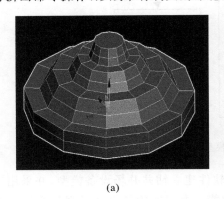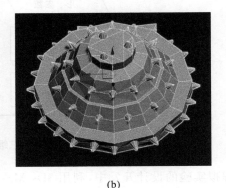

(a)　　　　　　　　　　(b)

图 4-3　牙轮钻头基础模型
(a)基础模型;(b)基础模型

(2)创建单牙轮钻头。删除牙轮钻头基础模型 B 底面,通过对模型的边、角、点进行切角、挤出等命令的操作,并对其进行精度的微调,从而形成三牙轮钻头的一个钻头,如图 4-4

所示。

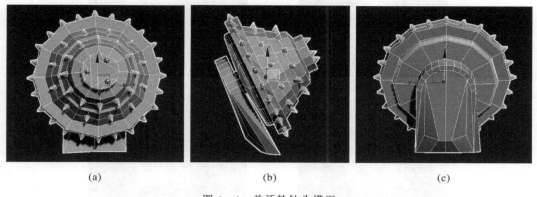

(a)　　　　　　　　　　　(b)　　　　　　　　　　　(c)

图 4 - 4　单牙轮钻头模型
(a)主视图；(b)左视图；(c)后视图

　　(3)创建三牙轮钻头。通过观察模型和参数发现,单个三牙轮钻头大小相等。那么,只需要将单牙轮钻头按照合适的坐标轴,选取合适的旋转中心,以 $X - Y$ 平面为旋转平面进行 120°的旋转复制,就可以得到三牙轮钻头整个牙轮部分,如图 4 - 5 所示。

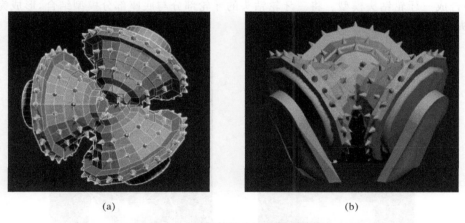

(a)　　　　　　　　　　　　　　　(b)

图 4 - 5　三牙轮钻头牙轮部分模型
(a)顶视图；(b)主视图

　　(4)创建三牙轮钻头底座模型。①创建一个边分段数为 12,高低分段数为 1 的圆柱 a,从 Z 轴方向均匀切割为三段。②创建一个半径为圆柱 a 一个边长的三菱柱 b,和一个三分之二圆柱 a 边长的 12 分段数的圆柱 c。③对三菱柱 b 和圆柱 c 进行中心对齐操作,使圆柱 c 正面略微高于三菱柱 b,进行布尔运算命令操作,从而到一个不规则几何图形 d。④将图形 d 与 1/3 的圆柱 A 进行附加命令操作,形成新的不规则图形 e。⑤选取圆柱 a 的圆心为旋转中心,将图形 e 进行以 $X - Y$ 轴为旋转平面的,120°旋转复制,从而得到三牙轮钻头的底部台面。⑥对底部台面模型的下半段进行缩放、旋转、拉丝、布尔以及涡轮平滑处理,从而得到三牙轮钻头底座部模型,如图 4 - 6 所示。

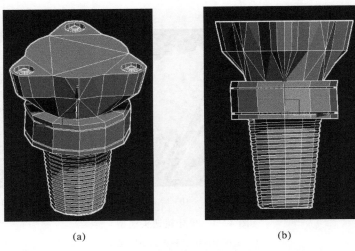

图 4 - 6 牙轮钻头底座部模型

(a)正交视图;(b)主视图

(5)合成三牙轮钻头模型。将三牙轮钻头的牙轮部分与底座部分模型结合,形成完整的三牙轮钻头,如图 4 - 7 所示。

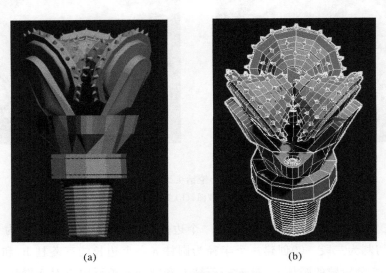

图 4 - 7 三牙轮钻头模型

(a)主视图;(b)正交视图

(6)同理,经过 3Ds Max 一系列的命令操作得到了聚晶金刚石复合片钻头(Polycrystalline Diamond Compactbit,PDC),如图 4 - 8 所示。

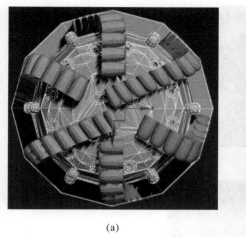
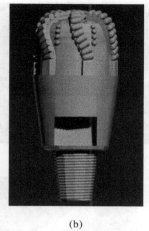

(a)　　　　　　　　　　　(b)　　　　　　　　　　　(c)

图 4-8　PDC 钻头模型
(a)顶视图;(b)主视图;(c)正交视图

4.2.2　创建钻杆、钻柱模型

　　钻杆尾部钢管呈螺纹状,用于连接钻机地表设备和位于钻井底端的钻磨设备或底孔装置,是钻柱的重要组成部分。其整体结构比较简单,可以用多种圆柱拼接构成,也可以由圆柱经过切角、挤出、附加、自由变形(Free From Deformation,FFD)等一系列的命令操作组合而成。钻杆底部的螺纹,是利用平面切线、挤出、弯曲的命令附加而成的。在建模过程中,模型的面数重合对于导入虚拟平台的显示存在一定的影响,因此本章所建立的一切模型,都是完整复合模型。所建立钻杆模型主视图和正交视图如图 4-9 所示。

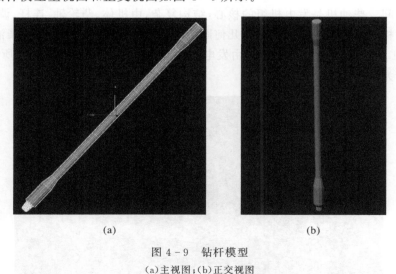

(a)　　　　　　　　　　　　　　(b)

图 4-9　钻杆模型
(a)主视图;(b)正交视图

　　钻柱是水龙头以下到钻头以上钢管柱的总称,包括钻杆、钻铤等其他井下工具。钻柱是钻井的重要工具,也是连通地面与地下的枢纽。钻柱的模型如图 4-10 所示。

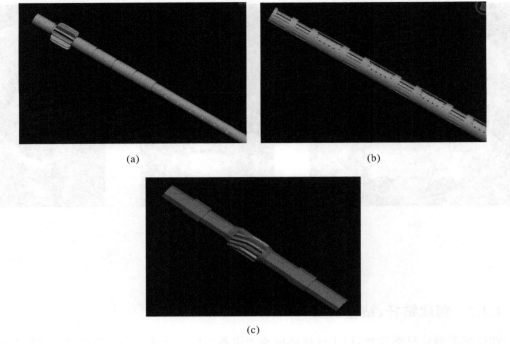

(a)　　　　　　　　　　　　　　(b)

(c)

图 4 - 10　钻柱模型

(a)钻杆；(b)钻柱；(c)钻铤

4.2.3　创建 VFD 房及发电机房模型

变频驱动(Variable Frequency Dive,VFD)房是控制所有上线发电机输出的电力分配、频率调整的控制间。柴油机是发电机组的核心,结构复杂,由机体、凸轮轴、连杆、调控装置、弹性联轴节等组件构成。通过对数百个复杂几何图形进行多种命令调试,建立了柴油发电机房模型,如图 4 - 11 所示。VFD 房发电机组由发电机房复制平移得到,如图 4 - 12 所示。图 4 - 11 和图 4 - 12 均为黏土显示模式。

图 4 - 11　柴油发电机房模型

图 4 - 12 VFD 房发电机组模型

4.2.4 创建井架及钻井平台模型

钻井井架和钻井平台是钻井工程里制作难度最大的模型。由于其结构复杂、需求的复合多边形过多,这里采用分开建模、集中拼接组合的方法。图 4 - 13 的钻台面模型,包括天车、悬挂游车、大钩及吊钳等模型。图 4 - 13 为钻井台面模型,包括司钻房、铁钻工、发动机等模型。

图 4 - 13 钻台面模型

4.2.5 搭建钻井井场模型

在制作模型时,获取实际钻井设备的相关参数,例如在制作井架和钻井平台时,按照实际井架和钻井平台高度、宽度、长度等尺寸信息,将井架和钻井平台内部进行拆分,做出局部的细节部件,利用 3Ds Max 中的"附加"功能将各零部件合并成对应设备。将其他设备部件按照同样的方式搭建完成钻井井场各部分模型,统一各部分模型比例尺寸、坐标中心后,再按照规定布局,放置井场设备。

　　通过对钻井工程各部分模型的搭建,在统一单位、比例尺寸、坐标中心之后,以坐标($X=0,Y=0,Z=0$)为水平面,按照规定的井场设备布局环境,合理地放置井场设备,搭建的钻井井场模型,如图 4-14 所示。

图 4-14　钻井井场模型

　　在图 4-14 中,虚拟钻井井场设备模型都是按照真实井场设备虚拟建模而成的,各设备模型布局也是按照真实井场布局设置的。以井眼为中心放置井架底座,在井架底座台面放置绞车、钻工房和司钻房,其上方搭建井架、二层台、天车等,井架上架有游车、顶驱、钻杆和钻头等,下方放置有井控设备、防喷器,后方依次放置泥浆泵、柴油机、VDF 房、油罐等,右边放置泥浆循环处理设备,包括除气器、振动筛、泥浆罐等。

4.3　模型优化及渲染效果

　　为了在虚拟世界中还原真实的钻井工程环境,创建的三维模型就必须有较高的真实性,并与显示设备有较高的同步性,能给用户强烈的视觉逼真感,让用户有着身临其境的感觉。初级的三维模型只是井场设备的绘制,与实际设备相比,真实程度相差甚远。因此,就需要优化所创建模型使其接近实际。同时,在满足需求的条件下减少点、线、面的使用,使其运行更加流畅。材质的选择是实现真实感最重要的一部分,材料纹理的绘制也必不可少。细节决定成败,贴近实际的渲染效果是再现真实场景的关键。三维模型优化见表 4-1。

表 4-1　三维模型优化

	结构优化	材质优化	渲染优化
三维模型优化	选择最优建模工具,减少点、线、面的使用	选择原生态模型的材质,或者构造类原生态材质	调节最优纹理、漫反射、RGB 通道贴图等

　　本章渲染采用 PS(Photoshop)和 SP(Substance Painter)两款软件,它们都是非常容易上

手、效果强大的渲染软件。其中 PS 制作贴图效果更佳、SP 渲染效果更为强大。

4.3.1　井场设备模型的导入与渲染步骤

井场设备最初模型是由 3Ds Max 按照井场设备实物设计的三维模型，导出时文件是 FBX 格式，因此可以直接用鼠标拖曳到 Unity 3D 的工程界面，但此时井架没有渲染，为了提高井架可视化效果，复现真实井架，还需对井架模型做进一步渲染。

渲染需要制作相应的材质球，材质球制作过程主要有以下几步：

（1）创建材质球。在工程界面点击右键→Create→Material，此时工程文件夹中会多一个材质球 New Material，但默认材质球都是白色。

（2）材质球着色。在 Mian Maps 处有个画笔，此处可修改三原色，或者在左侧 color 窗体直接选择需要的颜色。材质球制作界面如图 4-15 所示。

（3）材质球添加材质。如果材质是多种颜色组成的复杂色，比如土地材质、冰川等，直接将材质图片拖至 Albedo 框体内即可。

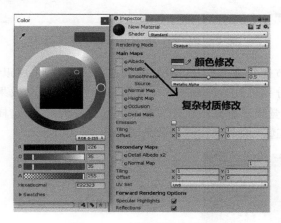

图 4-15　材质球制作界面

井场设备的渲染如下：根据以上步骤，制作好渲染所使用的所有材质球后，接着对井场中所有设备进行渲染。因为井架是一个相当复杂的三维结构模型，拥有大量的设备与零件，所以需要的材质球很多。根据设备图片，制作好所有的材质球，并根据每个井场设备和部件的色彩与材质，将材质球拖至结构视图相应的设备或部件模型中，完成对井架各个部件的渲染。

现介绍 Unity 3D 的父子继承关系。整个井场对每个设备来说就是"父"。设备继承父类，也就是继承井场的所有特点，而设备大多是由多个部件模型拼合而成的，这些用来拼接设备的部件模型又是设备的"子"。因此，在操作整个井架时，所有设备、部件也会跟着整体（父）变化。每个子设备之间却无彼此继承关系，这对渲染有很大帮助。因此，经常出现某个设备的多个部件材质相同，此时不需要对每个部件分别渲染，只需要对设备渲染，其所有子部件也会拥有此类属性，可以大大提高渲染的效率。这也就是继承的特别之处。

4.3.2　井场设备的优化渲染

在使用 SP 软件时，首先将需要渲染的模型，在 3Ds Max 中进行展 UV 处理，避免面贴图的重叠。其次，在 SP 软件中导入，分辨率选择 1 K。SP 软件中有着非常强大的资源库，有不少能够直接进行调用,对于特殊需要的,可以手绘完成。再次,经过选择材质球,添加图层、蒙版,调节色彩,调整发生器等一系列操作之后,就可以导出 RGB 贴图了。最后,在 Unity 3D 中创建材质球,将导入的 RGB 贴图放入材质球中,并将材质球赋予模型,就可以真实再现虚拟模型了。

(1)钻头、钻杆优化渲染。本章在钻头、钻杆的优化渲染过程中,选取了多种金属材质,最后经过高光、漫反射、粗糙度等处理,导出 RGB 贴图。在 Unity 3D 中钻头、钻杆优化渲染效果图如图 4 - 16 所示。

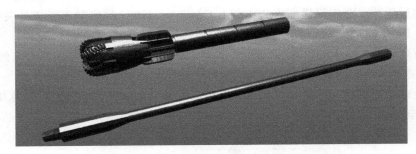

图 4 - 16　钻头、钻杆优化渲染效果图

(2)井眼轨迹及细节优化渲染。在对井眼轨迹进行优化时,采用跟钻头一样的材质。由于井眼轨迹的模型过长,分别将其整体渲染优化效果与细节方法优化效果进行展示,这也是为了使读者能够更清晰地感觉出三维井眼轨迹与数字井眼轨迹的区别,这样的图更具有视觉优势,显得更加真实。井眼轨迹及细节优化渲染效果图如图 4 - 17 所示。

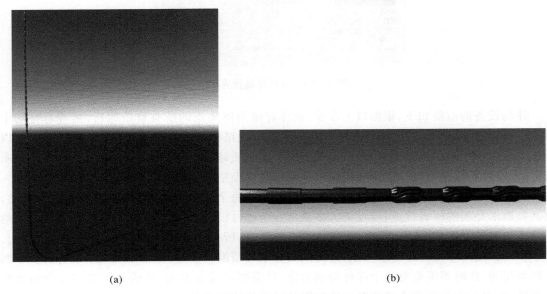

(a)　　　　　　　　　　　　　(b)

图 4 - 17　井眼轨迹及细节优化渲染效果图

(a)井眼轨迹渲染图;(b)井眼轨迹细节放大图

(3)发电机房、VFD 房优化渲染。对发电机房、VFD 房优化渲染时,选取了多种材质,分别对不同的位置添加不同的效果,如在地板图层上添加了菱形铁皮纹理,在红色钢铁建筑上添

加了铁锈,在建筑物体的表面添加了拉丝纹理等,最大程度地再现真实场景。发电机房、VFD房优化渲染效果图如图 4 - 18 所示。

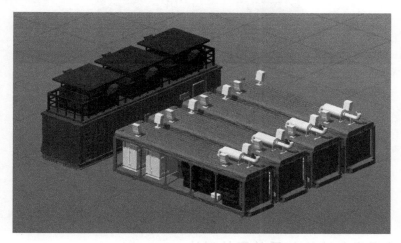

图 4 - 18　发电机房、VFD 房优化渲染效果图

　　(4)钻井平台优化渲染。钻井平台的优化渲染是将优化渲染好的其他组件,按照对应的位置排放起来,根据实际钻台面设备的材质情况进行取材、渲染。钻井平台优化渲染效果图如图 4 - 19 所示。

图 4 - 19　钻井平台优化渲染效果图

　　(5)井场优化渲染。井场是整个井上三维模型的集合,包括井架、钻台面、司钻房、VFD房、柴油发电机组、采油罐等模型。本章井场的模型已达到了数千之多,组合模型也达到了数百个。每一种模型都有自己独特的材质,都有自己独特的纹理及颜色等,因此,材质、贴图、纹理选择的工程量极大,需要极大的耐心、细心以及渲染技巧。井场优化渲染最终效果图如图4 - 20所示。

图 4-20　井场渲染优化效果图

4.3.3　井场设备渲染前后效果的对比

三维模型的创建是实现可视化系统的基础,模型的辨识度会影响可视化效果。通过井场设备图片、尺寸的采集,分析与观察实际井场照片和井场平台设备布局,合理规划设备位置。根据统一比例,利用 3Ds Max 对钻井设备的各个部件进行建模,构建井架、地层与钻头等模型,采用图像处理软件 Photoshop(PS)和全新 3D 贴图工具 Substance Painter(SP)软件完成模型的渲染,增加模型的真实感。将设计好的模型结合成整体井场平台,井场设备模型渲染前、后效果的对比如图 4-21 所示。

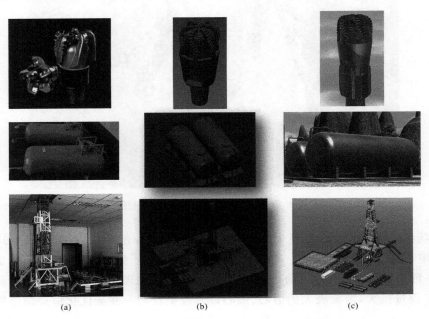

(a)　　　　　　　　　　　(b)　　　　　　　　　　　(c)

图 4-21　井场设备模型渲染前、后效果的对比

(a)实物图;(b)基于 3Ds Max 模型;(c)渲染后模型

利用 Unity 3D 虚拟引擎软件开发虚拟仿真实验包括井场认知实验、钻机控制实操和钻机控制优化。实现过程如下:首先在 Unity 3D 软件中创建钻井工程虚拟环境,包括搭建井场地形、添加第一人称角色控制器以及添加天空效果等。然后将上述搭建好的井场模型导入虚拟环境中,添加碰撞效果后,用户就能在虚拟场景中产生真实的碰撞触感。Unity 3D 软件保留了 C♯脚本,可通过编写 C♯脚本程序来控制模型部件实现人-机交互效果,按照以上方法完成井场认知实验、钻机控制实操和钻机控制优化相对应的其他实验设计。最后,由于 Unity 3D 支持多种操作系统平台,添加各实验项目所需工程文件,发布成基于 Windows 平台的 WebGL 版本即可。

4.4　钻井井场设备认知实验开发

将 Unity 3D 发布成 WebGL 版本的虚拟实验项目,放入平台项目的文件目录中,并部署到服务器中,就可在浏览器中访问了。这种将 WebGL 部署以 HTML 方式运行复杂的虚拟实验,让用户可直接进行操作,提高了用户体验。

4.4.1　钻井井场设备模型

已建立好的钻井井场设备模型按设备的功能可分为旋转、提升、循环、动力与传动和控制等系统和井控设施等。各个系统所包含的主要设备如下:

(1)旋转系统由钻台井转盘、方钻杆、钻杆、钻铤和钻头组成。当转盘转动时,通过方钻杆带动钻杆和钻头旋转钻进。

(2)提升系统是由绞车、井架、天车、游动滑车、大钩、钢丝绳等组成的一套起重设备。绞车主要用于起下钻具、下套管和钻进时控制钻压。井架用于安放天车和悬挂游动滑车、大钩等提升设备与工具。

(3)循环系统主要使泥浆循环,由泥浆泵、高压泥浆管线、水龙带、水龙头、钻柱以及泥浆固控设备等组成。其中,泥浆固控设备用来清除井中返出的无用固相颗粒,常用的设备有振动筛、除砂器、除泥器、除气器和离心分离机等。

(4)动力与传动系统包括动力机及传动机组。动力机主要采用柴油机、电动机等。传动机组有链条、皮带、齿轮等,其把动力传递给绞车、转盘、泥浆泵等工作机。

(5)控制系统使各机组按照钻井工艺需要,协调地进行工作,包括对动力机、绞车、转盘、泥浆泵等的启动、停车、调速、并车、换向等进行控制。

(6)井控设施是用于油气钻井中保证安全钻进的重要设备,包括防喷器、阻流管汇、压井管汇等。防喷器用以防止井内泥浆和油、气、水的喷出,安装在钻台下的井口处,分别用于封闭钻柱与套管之间的环隙或全部井口。

为了使初学者在井场设备认识实验中对主要设备有一定认识,将钻井井场主要设备模型及其相关模型按照以上归类进行合并。具体实现步骤为:

把三维钻井井场设备模型导入 3Ds Max 软件中,通过"附加"功能将归入同类的模型合并成一个整体,以.FBX 格式导出。例如,在 3Ds Max 软件找到井控设施中防喷器、阻流管汇、压井管汇等模型,将各模型选中后,点击右键把模型转换为可编辑多边形,在可编辑多边形功能栏中找到"附加"按钮并点击,井控设施相关模型即合并完成。根据各个整体名称和作用,在

PS 软件中制作介绍框,为后续模型介绍做好准备。

4.4.2　Three.js 三维开发引擎

1.WebGL 简述

WebGL 全称 Web Graphics Library,是一种支持底层 3D 绘图 API 的 Web 标准[75]。WebGL 是浏览器中的一个独特功能,在进行开发时无需下载第三方插件,可直接渲染三维交互图形到网站页面中。WebGL 为 HTML5 中＜canvas＞标签的一个特殊上、下文提供 3D 加速渲染,允许开发者直接调用显卡,在浏览器里渲染实时的 3D 场景和模型,还可应用于游戏、数据可视化、绘制数学函数和创建物理模拟等[76]。

WebGL 在网页中实现模型渲染时侧重两个方面:模型数据坐标和模型数据颜色。模型渲染主要依靠程序生成"着色器"来完成上述两个方面,利用顶点着色器提供模型数据的坐标,片元着色器可以提供模型数据的颜色。在 WebGL 中,启动 JS 程序后,首先把顶点数据放入到顶点着色器[顶点着色器是写进 GLSL(OpenGL 着色语言)中的一个方法]中;然后进入片元着色器,在片元着色器中逐片元处理像素(如光照、阴影、遮挡);最后片元传入颜色缓冲区,进行显示[77]。WebGL 渲染过程如图 4-22 所示。

图 4-22　WebGL 渲染过程

(1)准备数据。模型数据包括顶点坐标、对应模型的索引数据、给模型贴图的数据坐标、决定光照效果的法线位置以及对应矩阵数据。将顶点数据存放到缓存区中,结合矩阵数据传递到顶点着色器上。

(2)生成顶点着色器。利用 Javascript 程序以字符串的形式创建一个顶点着色器,通过底层接口挂接 GLSL(OpenGL 着色语言)源代码进行编译后将这个着色器传给图形处理单元(Graphic Processing Unit,GPU)。

(3)装配图元。GPU 根据顶点数量,逐个执行顶点着色器程序,生成顶点最终的坐标,完成坐标转换。

(4)生成片元着色器。对模型颜色、质地、光照效果和阴影的数据进行计算,生成片元着色器,每一个片元是一个数据集合。这个集合包含着每一个像素颜色分量和像素透明度的值。

(5)光栅化。根据片元着色器里每个片元中的数据集合,深度缓存区判断不需要渲染的像素点,将整理好的片元信息存储到颜色缓存区中,最终完成整个渲染[78]。

2.Three.js

前端开发者虽然可直接利用 WebGL 的应用程序编程接口(Application Programming Interface,API)构建复杂的 3D 模型对象和将环境场景加载到网页页面中,但是需要掌握 WebGL 底层细节,开发效率不高,其质量与实现效果也难以保证。为克服直接使用 WebGL

的 API 的缺点,改善开发效率,简便开发过程,将 WebGL 进行封装的许多开源 JavaScript 库被设计出来,其中 Three.js 成为如今受欢迎的一款三维开发引擎。在使用 Three.js 进行开发时,开发者不需要考虑底层的渲染细节和复杂的数据结构,而且其集轻量级、开源免费等优秀品质于一身[79]。浏览器在不依赖任何插件的情况下,实现 3D 模型及场景渲染,因此完全兼容当前主流浏览器,成为在浏览器上展现复杂 3D 模型首要选择。

调用 Three.js 中的相应模型创建函数可实现自身创建模型进行加载,还可以将外部建立的多种类型格式的模型加载到页面中。其中:①基础的加载器主要包括 Loader,ImageLoader,JSONLoader 等;②纹理加载器包括 TextureLoader,CompressedTextureLoader,DataTextureLoader 等;③文件加载器包括 BabylonLoader,ColladaLoader,OBJLoader 等;④加载.FBX 模型时,需要使用 FBXLoader 加载器。Three.js 运行流程如图 4 – 23 所示。

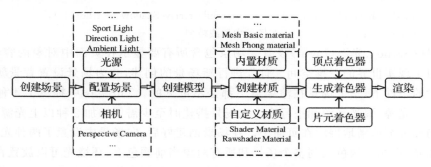

图 4 – 23　Three.js 运行流程

4.4.3　钻井井场设备认知实验设计与开发

虚拟钻井井场设备模型的加载过程是通过 WebGL 技术,利用 Three.js 是基于原生 WebGL 封装运行的三维引擎的特点,将三维的虚拟模型加载渲染到页面中,实现虚拟钻井井场设备的可视化。建立的钻井井场设备认知实验设计流程如图 4 – 24 所示。

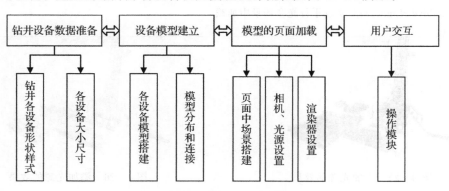

图 4 – 24　钻井井场设备认知实验设计流程

1.建立三维井场模型

使用的三维井场模型与导入 Unity 3D 中的模型是同一个模型,但在进行钻井井场设备可视化前,需要将模型再次导入 3Ds Max 中,使用 3Ds Max 中"附加"命令将同一设备上的零部件附加在一起,最后以.FBX 的格式打包导出放入项目工程文件中,为模型在页面加载做好准备。

2.三维井场模型页面加载

(1)模型加载器的选择。Three.js 支持多种格式的模型加载,为各格式的模型提供不同的加载器。将已经建立的钻井井场设备模型以.FBX 的格式导出。因此在选择模型加载器时使用 FBXLoader 加载器完成模型加载,其部分代码如下:

```
const loader = new THREE.FBXLoader();   //选择 FBXLoader 加载器
var path='./model/xinhe.FBX';//模型存放的路径
loader.load(path, function ( object ) {   //加载模型
  object.traverse( function ( child ) {
  if ( child.isMesh ){child.castShadow = true;child.receiveShadow = true;}} );
scene.add( object );  } );        //在场景中加载模型
```

(2)场景(Scene)、光源(Light)设置。场景包含所有要显示在页面中对象的容器,显示出的效果类似于现实世界的三维空间。首先进行新场景的创建,并为场景设置背景颜色。在没有光源照射的条件下,整个场景在渲染器下都是不可见的。Three.js 中提供了 4 种常用的光源:环境光、点光源、聚光光源和平行光。在场景搭建时至少需要添加 2 种以上光源,才能将三维模型的局部细节清晰地展示在页面中。在场景创建好后,向场景中设置了两种光源:环境光是一种基础光,将光源颜色加到整个场景和所有对象当前颜色上,环境光可以放置在场景中任意位置,光源不会发生衰减;平行光类似于太阳光,发出平行光线照射在模型上,将光照强度设置成 1,突出模型的细节显示。如图 4 - 25 和图 4 - 26 分别为未加光源和添加光源的效果。添加光源的代码为:

```
const ambient = new THREE.AmbientLight(0x2c2c2c);//定义环境光
const dirLight1 = new THREE.DirectionalLight(0xffffff, 1.0);//定义平行光
dirLight1.position.set(40, 40, 66);//设置方向光位置
scene.add(ambient);//实现环境光在场景中加载
scene.add(dirLight1);//实现平行光在场景中加载
```

图 4 - 25　未加光源的效果　　　　　　图 4 - 26　添加光源的效果

(3)模型(Model)设置。由于钻井井场设备模型是由动力机组、传动机组、工作机组、辅助机组及控制机组等组成的,各机组又由各零部件组成,各模型尺寸大小不一,为了在页面展示时确保模型完整且获得最佳浏览效果,需要通过相应函数接口方法自动计算几何模型的原始长、宽、高尺寸。在此利用 Three.js 内置的 boundingBox 方法获取此模型包围在 X、Y 和 Z 方向上的最小、最大顶点值,从而计算出其几何尺寸。

（4）相机（Camera）投影设置。相机设置相当于人的眼睛,决定人的视角所观察的模型场景,它是利用投影原理将场景展现到渲染器中。Three.js 提供了四种相机对象,即 PerspectiveCamera（透视相机）、OrthographicCamera（正交投影相机）、CubeCamera（立方体相机或全景相机）和 StereoCamera（3D 相机）,依照不同的三维场景选择合适的相机投影方式。其中 PerspectiveCamera（透视相机）在模式呈现上是最接近人眼所见的。因此,选用相机对象设置为透视投影,构造方法为 Three.PerspectiveCamera(),根据场景需求设置合适的相机方向。

（5）渲染器（Renderer）设置。渲染器的作用是对整个场景实现渲染,把渲染结果输出到网页 3D 容器中,展示出具体的渲染效果[80]。渲染器被转译成 HTML 中的＜canvas＞标签内嵌在网页中,在页面中定义＜div id＝"webGL－output"＞＜/div＞,使用 CSS 样式设置其布局大小,将此布局作为显示渲染结果的区域。

Three.js 提供了多种渲染器类型,在渲染钻井井场设备模型时选用 WebGLRender 渲染器,其渲染速度较快,同时主流浏览器都支持 WebGL 技术。创建渲染器代码如下:

```
renderer = new THREE.WebGLRenderer();
//把当前显示设备的像素比设置为 canvas 的像素比
renderer.setPixelRatio(window.devicePixelRatio);
//设置渲染器大小,即 canvas 画布大小
renderer.setSize(window.innerWidth, window.innerHeight);
container.appendChild(renderer.domElement);//将 canvas 添加到页面中
```

按照以上五个步骤编写代码,通过 Visual Studio Code 代码编译器设置本地服务器,Visual Studio Code 会把项目工程放入本地服务器中,前端页面发送请求后,本地服务器将钻井井场设备模型数据资源返回,最后完成页面的加载显示。

4.4.4　钻井井场设备认知实验交互控制

实现了钻井井场设备在网页中的加载显示后,接下来需要根据实际需求增加交互操作功能,便于用户更加直观地认识复杂的钻井井场设备。

1.模型的旋转、平移和缩放

用户在认知钻井井场设备时,需要从不同角度来浏览设备细节,用户通过鼠标对三维钻井井场设备模型进行交互操作。使用鼠标左键按住滑动旋转、右键按住滑动平移、滑动滚轮对整个钻井井场设备进行缩放。

通过 Three.js 的相机控件 OrbitControls.js 对 3D 钻井井场模型进行旋转、平移和缩放操作,主要是通过改变相机的参数来实现的。操作步骤如下:

（1）引入 OrbitControls.js 文件,创建控件对象,把相机对象 camera 作为 OrbitControls 构造函数的参数,程序为:

```
controls＝new THREE.OrbitControls(camera,renderer.domElement)
```

（2）调用 animate()函数,如:

```
function animate(){
    requestAnimationFrame(animate);
    renderer.render(scene, camera);
    labelRenderer.render(scene, camera);}
```

当相机位置发生变化时，animate()函数根据相机位置刷新屏幕绘制整个场景。

2.模型点击事件

（1）获取模型。由于钻井井场设备复杂，各井场设备按照功能分为旋转、提升、循环、动力与传动、控制等系统，一个系统又由多个设备组成，用户不能只通过浏览虚拟模型来认知钻井井场设备，要能将设备的名称、设备作用与虚拟化的设备模型对应起来。因此，设置模型点击事件。首先是点击模型被选中，获取此时点击屏幕的坐标 x 和 y，将坐标值转换成标准化向量，再通过 onMouseClick() 函数里的 raycaster.intersectObjects 的检测来获取选中的模型。

```
function onMouseClick(event) {
    var Sx = event.clientX;
    var Sy = event.clientY;
    var x = (Sx / window.innerWidth) * 2 - 1    //获取屏幕中的 x 值
    var y = -(Sy / window.innerHeight) * 2 + 1; //获取屏幕中的 y 值
    //将获取坐标结合 z=0.5,新建成三维单位向量,并把向量转换到视点坐标系
    var standardVector = new THREE.Vector3(x, y, 0.5);
    var worldVector = standardVector.unproject(camera);
    var ray = worldVector.sub(camera.position).normalize();
    //将这一向量进行标准化
    var raycaster = new THREE.Raycaster(camera.position，ray);
    //检测到选中的模型
    var intersects = raycaster.intersectObjects(scene.children, true);
```

（2）弹出对应介绍框。在钻井井场认知实验中，当选中模型时，弹出的模型对应的介绍框以图片形式呈现，编辑内容有设备名称和设备作用，各设备模型的命名应与对应介绍框图片命名一致，便于模型被点击时，匹配出对应介绍框弹出。当用户进入钻井井场设备认知实验时，模型加载完成后，通过鼠标左键点击某个模型，会弹出模型对应的介绍框。以 VFD 房为例，点击 VFD 房设备模型弹出介绍框如图 4-27 所示。

图 4-27　点击 VFD 房设备弹出介绍框

（3）模型的高亮突显。在点击模型时，模型会出现高亮，便于将此模型与其他模型区分开来。先将被点击模型当前颜色进行记录，然后为被点击模型换上预设颜色，使其颜色和周围模型颜色形成明显色差，呈现出高亮突显效果。

要实现上述模型操作效果，需要编写点击函数，部分代码如下：

```
function onMouseClick(event) {
    if (intersects.length > 0) { //捕获模型大于 0 时,表示模型被点击
        if (Selected! = intersects[0].object) {        //点击获取第一个模型
            document.body.style.cursor = 'pointer';    //鼠标变换
            if (Selected) {
                if (Selected.material[0]) { Selected.material[0].currentHex=
                    Selected.material[0].color.getHex();    //记录当前模型颜色
                        Selected.material[0].color.set(0x66ff00); //改变模型颜色(绿色)
                    Selected.add(earthLabel);} }
img.src='./UI/介绍框/'+ Selected.parent.name + '.png'}} //将对应介绍框弹出
else {document.body.style.cursor = 'auto';//鼠标点击在无模型区域时
    if (Selected) {if (Selected.material[0]) {
        //恢复默认颜色
Selected.material[0].color.set(Selected.material[0].currentHex);}}
    let M = scene.getObjectByName('biaoqian');
    if (M) mm.parent.remove(M); } } //移除介绍框
```

当鼠标点击焦点换到下一个模型时，上一个被点击模型的颜色发生恢复，对应介绍框消失，此时被点击模型高亮并弹出对应介绍框；当鼠标点击无模型区域时，模型的颜色发生恢复，对应介绍框消失。鼠标点击事件是一个不断被捕获的过程，页面根据点击情况进行变换。

4.4.5　钻井井场设备认知实验展示

通过鼠标左键点击各模型，被点击模型呈高亮，并弹出介绍框，介绍设备的名称、功能。点击 VFD 房模型弹出对应介绍框如图 4-27 所示。点击油罐模型、绞车模型弹出对应介绍框如图 4-28 和图 4-29 所示。

图 4-28　点击油罐模型弹出对应介绍框

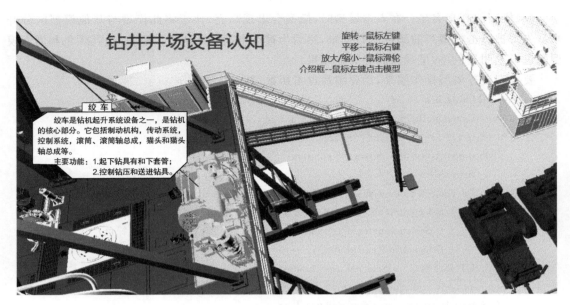

图 4 - 29　点击绞车模型弹出对应介绍框

　　通过钻井平台设备认知,使初学者对钻井井场主要设备及其功能有直观、感性的认识,克服常规课堂理论、概念学习的抽象性的缺点。

　　综上,利用 3Ds Max 软件建立三维钻井井场模型,完成了 WebGL 技术开发基于虚拟可视化钻井井场设备认知实验,使用 Three.js 三维引擎库为外部井场模型的页面加载设置场景、光源、相机以及选择合适的渲染器,实现三维虚拟钻井井场设备模型在页面中的可视化,并定义设置鼠标事件,实现模型在页面中旋转、平移、缩放以及点击弹出介绍框的交互效果。

第5章　基于 Unity 3D 井场沉浸式漫游及起升系统的开发

沉浸式虚拟环境的开发均是在 Unity 3D 平台上完成的。Unity 3D 既是一款开发三维虚拟应用的编辑器和游戏引擎,也是一款强大的综合性虚拟开发软件。全球研发虚拟现实和增强现实的公司中,一半以上都用 Unity 3D 作为其开发软件,凭借其自身的强大的跨平台性和开放性优势,被诸多公司喜欢与青睐。

Unity 3D 可以以多种形式发布项目工程,将其打包成.exe 可执行文件在常用的 Windows、Linux 和 MacOS X 等系统均能运行,也可以发布 WebGL 版在网页中运行。作为一种跨平台的开发软件,Unity 3D 使开发者省去了区分各平台之间差异的时间,减少了移植过程中带来的不便。

Unity 3D 的着色系统、地形编辑器、物理特效和光影特效非常全面且真实,操作简单,灵活性强,尤其是其中含有碰撞系统、重力效应、光影渲染系统、速度和质量等变量,使得创建出来的三维虚拟场景非常真实。同时其支持大量的第三方插件和资源包,开发者可以借鉴他人所设计的资源包和库文件,提高开发效率。

Unity 3D 集成了 MonoDeveloper 编译平台,支持 C♯、JavaScript 和 Boo 三种脚本语言,而其中的 C♯ 和 JavaScript 是在游戏开发中最常用的脚本语言。编辑器控制台也很强大,当脚本程序出错时,能很快查找程序出错的位置,让开发者及时纠正。

5.1　基于 Unity 3D 沉浸式虚拟环境搭建

虚拟场景的设计对于整个三维虚拟可视化井眼轨迹交互系统的开发有着重要的影响,虚拟场景的真实自然性是软件开发成功与否的判断标志。搭建"真实"的虚拟三维井眼轨迹和井场的自然地质环境是进行场景沉浸式漫游及钻机实操实验的前提。

Unity 3D 框架相对比较简单,主要分为六个工作面板,分别是场景视图(Scene View)、游戏视图(Game View)、结构视图(Hierarchy View)、工程面板(Project)、控制台面板(Console)和检视视图(Inspector)。Unity 3D 提供了几种默认的界面布局,开发人员也可以根据需求与喜好设置面板风格与大小。本书使用的是场景视图和游戏视图一体的布局,因为这种布局视图较大,方便编辑模型。

5.1.1　井场的主要视图搭建

1.场景视图

场景视图是最主要的面板,用于编辑视图的窗体,将创建好的模型导入工程后,虚拟模型就可以显示在场景视图中。在场景视图内通过切换 Scene 与 Game,实现场景视图和游戏视图的切换,Asset Store 为 Unity 3D 自带的商店,可以在商店中下载和导入开发者所需要的插件或者库文件。左侧 Curvy 插件工具就是通过 Asset Store 下载导入的,导入该插件后,界面会出现该插件操作工具。通过 Shaded 可以选择模型呈现方式,如阴影、框体等方式。Shaded 后面分别是 2D、光照、声音和贴图效果选项设置,右上角为世界坐标。场景内部是导入的井场平台的虚拟三维模型。搭建井场的场景视图如图 5-1 所示。

图 5-1 搭建井场的场景视图

2.游戏视图

在该布局下,在场景视图中点击 Game 即可切换至游戏视图,游戏视图与场景视图面板相比较为简单,常用的有 Scale 为缩放比例,界面顶部有游戏的运行、暂停和下一阶段场景的按键。游戏视图如图 5-2 所示。

图 5-2 游戏视图

3.结构视图

结构视图用于显示场景中所有操作对象的层级关系,便于寻找整个三维场景里创建的虚拟模型,并能够清晰地反映文件、模型之间的从属关系,在结构视图中能够为虚拟模型创建父子化关系,方便进行移动、渲染等操作。

结构视图如图 5-3 所示。例如 Curvy Spline 中有众多子对象,在做渲染时,只需对 Curvy Spline 进行操作,Curvy Spline 下的 CP0000～CP0005 所有子对象就相应地拥有相同的属性。反之,如果只对某个子模型进行渲染操作,那么其他的子模型不会有相同的属性。简而言之,子对象可继承父对象的属性,父对象的操作会影响其所有子对象。但是子对象之间是平级关系,不会继承相应的操作。

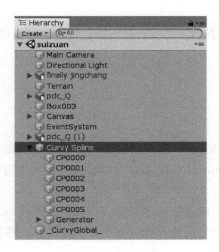

图 5-3　结构视表　　　　图 5-4　检视视图

4.检视视图

检视视图是用于来检视操作对象与模型属性的界面。以钻头在虚拟环境中的位置和方向设置为例。Transform 中的 Position 设置钻头位于世界坐标的具体位置,Rotation 设置钻头与三个方向所成的角度,Scale 为三个坐标轴的放大比例,此处建模时是按照 1∶1 的比例创建的,因此不需要做修改。由于本系统的虚拟控制均是由 C♯脚本程序和 Unity 3D 相关组件实现的,只需在脚本程序写好后,从工程面板中用鼠标将 Script 脚本文件拖入该视图,并点击对勾即可实现脚本的添加。可点击 Add Component,查询并选中所需要的组件。通过添加不同的组件可实现相应的功能,组件的主要信息和设置参数也都会显示在检视视图中。检视视图如图 5-4 所示。

通过对 Unity 3D 软件进行功能架构分析,绘制 Unity 3D 整体功能结构,如图 5-5 所示。Scene View 用于实现场景调试及动画制作;Game View 游戏视图用于运行场景视图中所设计的场景;虚拟物体根据需求添加不同的组件(Component),不同组件有不同的用处;GUI 被用于制作人-机交互界面;对钻头钻进的所有操作过程与本系统沉浸式漫游,均由 C♯设计的脚本语言来实现控制。

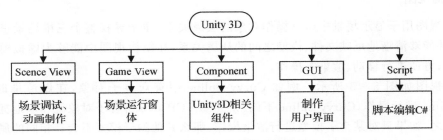

图 5-5　Unity 3D 整体功能结构

5.工程面板与控制台面板

工程面板是用于存放游戏资源的目录结构，主要有 Asset 和 Packages 目录，可以在该目录文件下存放模型、整合包和 C♯ 脚本等资源。

控制台面板 Console 是用来查看脚本中出现的各种 error、warning 和 info 等错误的，也可以展示一些脚本程序的输出结果。

5.1.2　井场地形环境的搭建

1.创建初始地形

(1)依次选择菜单栏中 Aeests →Import Package →Environment，导入环境资源包。

(2)依次选择菜单栏中 Game Object→3D Objet →Terrain，创建地平面，并置于 Asserts 文件夹下便于管理。

(3)将创建的平面拖入 Hierarchy 视图，并在 Inspector 视图中调节地形 Terrain 的参数，将长、宽、高分别设置为 500,500,200，这样一个初始的地形就设置好了，其大小足够完成虚拟场景的建设。

(4)3D 场景自带一个 Main Camera 和 Directional Light，所以不用添加主摄像机和光源。场景视图中出现的只是一个 500×500 的白色平面。初始地形设置效果图如图 5-6 所示。

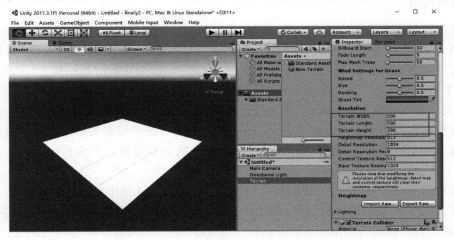

图 5-6　初始地形设置效果图

在图 5-6 中,检视视图中的 Transform 中设置地形的位置、角度和比例,接着处理地形的纹理。地形的纹理处理主要用到"Raise or Lower Terrain"和"Paint Texture"两个选项设置。

(1)Raise or Lower Terrain:设置地形上升或者下降纹理,选择合适的"Bursh"形状和大小。具体操作如下:点击鼠标左键为上升,按住键盘"shift"键同时点击鼠标左键为下降。根据需要重复多次,即可形成上下凹凸不平的三维地形。冰川地形选型设置界面如图 5-7 所示。

(2)Paint Texture:选择材质→Terrain Layers,完成地形材质的编辑,将地形资源包内的材质上传至"Terrain Layers",并选中冰川材质即可实现地形的材质渲染。地形材质导入界面如图 5-8 所示。

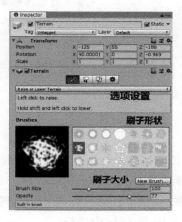 

图 5-7 冰川地形选型设置界面   图 5-8 地形材质导入界面

地形纹理效果图如图 5-9 所示。

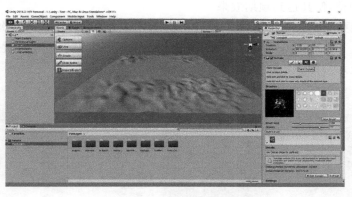

图 5-9 地形纹理效果图

2.绘制地形的高度

(1)在 Hierarchy 视图中,依次选择 Terrain → Inspector → Panit,选择合适的笔刷 Brushes,并设置 Brushes 大小和高度,然后绘制地形高度(山脉及盆地等)。

(2)对绘制的表面进行柔化处理,使其直观且更加自然。

(3)依次选择 Terrain → Edit Texture → Add Texture,在 Albedo(RGB)通道中选择合适的 Texture。绘制地形高度效果图如图 5-10 所示。

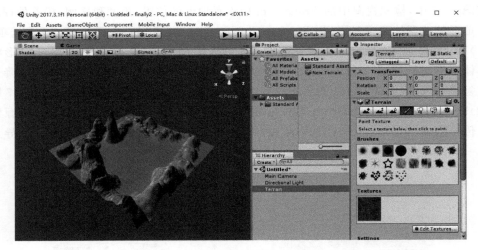

图 5-10　绘制地形高度效果图

3.添加树木、植被及水效果

　　(1)在 Hierarchy 视图中,依次选择 Terrain →Edit Trees →Add Tree →Select Game Object,在资源库里选择合适的 Tree 的种类,支持选择多种。

　　(2)调节 Brushes 的范围、Tree 的密度及其高度,在地形任意位置添加各类树木。

　　(3)添加 Grass 的步骤与 Tree 相似,只不过在 Edit Details 中进行。

　　(4)在 Project 视图中,依次点击 Assets →Standard Assets→ Environment→ Water,在 Water 资源中的预置文件夹 Prefabs 中选中一个水效果,将其拖入 Scence 场景合适位置,对其进行缩放、高度调整,使其达到预期效果。

　　(5)为了实现更加逼真的视觉效果,给每个物体对象添加阴影设置。依次选择 Hierarchy→ Directional Light →Inspector →Shadow Type,将其阴影强度设置为 0.6(效果最佳)。设置完毕后树木、植被及水资源添加效果图如图 5-11 所示。

图 5-11　树木、植被及水资源添加效果图

4.井架平台与钻头导入

将 3Ds Max 所创建 FBX 格式的井架和钻头模型文件,通过鼠标拖曳的方式,放置在 Unity 3D 工程面板的 Asset 目录下,再添加到场景的结构视图中。在检视视图中,设定相应的位置坐标,即可完成钻井平台与钻头的导入。

5.导入井场、地层模型

(1)将在 3Ds Max 中建好的井眼轨迹以及井场模型按照合适的比例、坐标保存成.FBX 文件格式,找到 Unity 工程的 Assets 的文件夹,将其导入。

(2)打开 Unity 界面,在 Project 视图中找到导入模型。将其拖入 Hierarchy 视图中,在 Inspector 视图中调节好模型的 Position 位置、Rotation 角度、Scale 比例。

(3)将在 SP、PS 软件中做好的贴图,按照上述方法导入 Unity 中 Material 文件夹内。

(4)对模型进行材质编辑、贴图处理。井场及井眼轨迹模型导入效果图如图 5-12 所示。

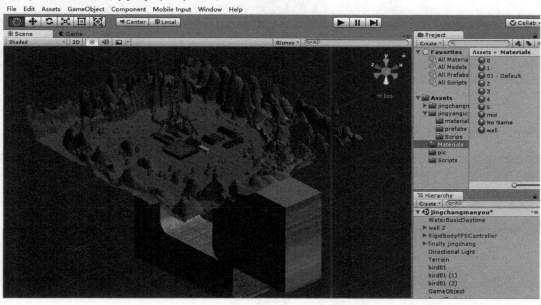

图 5-12　井场及井眼轨迹模型导入效果图

5.1.3　井场沉浸式虚拟环境效果添加

1.添加天空盒子效果

互联网中会提供大量丰富的天空盒子资源,可根据需要下载相应的天空盒子资源包。下载后,在 Unity 3D 中,进行下列操作:

(1)收集天空盒子资源,依次选择 Assert →Import Package →Custom Package 命令,将其导入 Unity 3D。

(2)依次选择菜单栏中的 Window →Lighting →Setting →Skybox →Material 命令,并选

择合适的天空效果。山川地形下天空盒子植入效果图如图 5-13 所示。

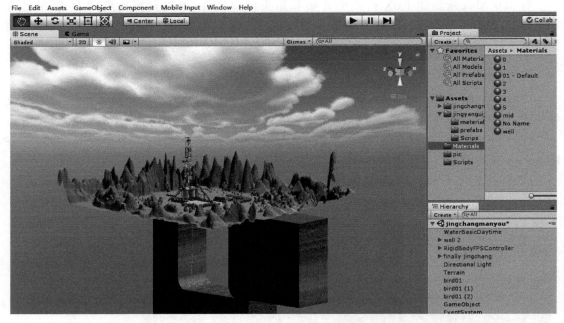

图 5-13　天空盒子植入效果图

冰川地形井上井场平台最终效果图如图 5-14 所示。

图 5-14　冰川地形井上井场平台最终效果图

2.添加第一人称角色控制器

(1)依次选择菜单栏中的 Assets→Import Package→Character 命令,导入人物资源组件。

(2)在 Project 视图中,找到 First Person Character 文件夹,添加 Rigid Body FPS Controller 第一视角刚体人物,设置高度值为 2 m,保证视角位置正常。

(3)由于 Rigid Body FPS Controller 自带一个 Main Camera,所以删除初始阶段的主摄像机。因为此时的人物视角没有添加控制效果,所以不能实现相关运动控制。

3.添加音效

(1)根据场景需求,提前将井场存在的音效裁剪并保存成 MP3 格式(如机器启动声);

(2)在 Assets 文件夹下建立一个新的文件夹,命名为 Music,方便管理;

(3)在 Project 项目中,依次在菜单栏中选择 Asserts →Music →Import New Assets 命令,按照音乐保存路径添加提前保存好的 MP3;

(4)将 MP3 拖拽到 Scene 场景合适位置,调节播放范围,并在 Inspector 视图中,将播放效果设置成线性,这样能够最大化还原真实场景。

按照上述方法可轻松创建虚拟场景,为用户实现更好的交互体验打下基础。

5.2　碰撞体创建

5.2.1　碰撞体及碰撞检测法

1.碰撞体

为了使用户在虚拟系统的漫游、控制过程中能够产生真实的触感,就必须对模型、场景进行碰撞体组件设置。碰撞体检测是为了用户在虚拟场景中行走或操作物体时,避免出现穿越虚拟物体或者虚拟物体相互嵌入的情况而进行的碰撞体组件的设置是增强虚拟场景真实性、提高用户体验感的重要组成部分[81]。

碰撞体是物理组件中的一类,3D 和 2D 场景有自身独立的碰撞体组件,碰撞体要与刚体组件结合,共同添加给操作对象,才能触发碰撞效果,物理引擎才会计算碰撞,故没有碰撞体的刚体会彼此穿过。

2.碰撞检测方法

在 Unity 引擎中包含三种碰撞检测法,具体如下:

(1)包围球检测法。包围球检测法是一种比较简单的碰撞检测法,其优点在于不影响旋转中物体进行碰撞检测。其原理是:利用球体包围对象,分别计算球心坐标、被包围对象所有几何元素顶点 X,Y,Z 的最大坐标值的点,以球心与该点的距离作半径 r,确定虚拟球体。当两个物体靠近时,只需把两个球体半径之和与其球心距离作比较,就可以判断是否碰撞。包围球法的碰撞检测实现过程如图 5-15 所示。

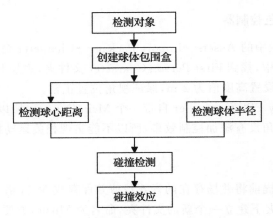

图 5-15　包围球法碰撞检测实现过程

（2）轴向包围盒检测法。轴向包围盒检测法与包围球检测法类似，其原理是：将不规则物体各边和坐标轴相互平行的最大值的点延伸成一个最小六面体进行包围。通过检测物体在坐标系中的位置，得出包围盒各顶点的坐标值。因为碰撞物体多为不规则几何体，所以采用此方法会留下较大的边角空隙，导致其紧密性变差。此外，当物体发生旋转时，包围盒也必须进行同步旋转，实时进行坐标变化，计算过于复杂。轴向包围盒检测法的示意图如图 5-16 所示。

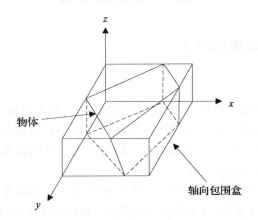

图 5-16　轴向包围盒检测法的示意图

轴向包围盒的计算方法如下：

其一，利用包围盒各点坐标轴上的跨度和中心点 O 的坐标来确定，第一种表示方法为
$$\{(x_O, y_O, z_O), (\text{length}, \text{width}, \text{height})\}$$

其二，轴向包围盒法又称为投影法，是利用包围盒在坐标系三个方向的投影边界值来表示的，第二种表示方法为
$$\{(X_{\min}, Y_{\min}, Z_{\min}), (X_{\max}, Y_{\max}, Z_{\max})\}$$

轴向包围盒检测法就是通过包围盒在坐标系上的投影来判断两物体的包围盒是否相交。若投影重合，则发生碰撞。历经六次运算比较（最佳次数），就可以判断两物体是否发生碰撞。

（3）带方向包围盒检测法。带方向包围盒检测法应用最为广泛，其原理是：取物体平行于水平面最大对角线坐标值的中点作垂线,作为包围盒的主轴。因此无论物体是否旋转,其主轴均不变,故旋转时不影响其碰撞检测。检测碰撞时,只需判断两物体的主轴投影是否重叠,若重叠,则碰撞。此法利用了顶点坐标一阶和二阶的同一特性,其划分依据为

$$\mu = \frac{1}{3n} \sum_{i=0}^{n} (p^i + q^i + r^i) \tag{5-1}$$

$$C_{jk} = \frac{1}{3n} \sum_{i=0}^{n} (\overline{p}_j^i\, \overline{p}_k^i + \overline{q}_j^i\, \overline{p}_k^i + \overline{r}_j^i\, \overline{r}_k^i),\ j \geqslant 1,\ k \geqslant 3 \tag{5-2}$$

式中,n 为模型的三角形面数;$\overline{\boldsymbol{p}}^i = p^i - \mu$,$\overline{\boldsymbol{q}}^i = q^i - \mu$,$\overline{\boldsymbol{r}}^i = r^i - \mu$ 是 3×1 向量;$\overline{\boldsymbol{p}}^i = (\overline{p_1^i} + \overline{p_2^i} + \overline{p_3^i})^T$ 和 $\boldsymbol{C}_{jk}$ 是 3×3 协方差矩阵;μ 为均值,C 为协方差;第 i 个三角形的三个顶点坐标为 (p^i, q^i, r^i)。

5.2.2　碰撞效果介绍

(1)Box Collider(盒体碰撞)。Box Collider 是一个立方体外形的基本碰撞体。该碰撞体可根据实际对象的不同,调节为不同大小的长方体,可作为门、墙、平台等方形物体的碰撞,该碰撞体适用于类方体碰撞,如图 5-17(a)所示。

(2)Sphere Collider(球形碰撞体)。Sphere Collider 是一个球体的基本碰撞体。该碰撞体的三维大小可以进行均匀调节,但不能对其单独的某个坐标轴大小进行调节,该碰撞体适用于类球体的碰撞,如图 5-17(b)所示。

(3)Capsule Collider(胶囊碰撞体)。Capsule Collider 是由圆柱体及与其相连的两个半球体组成的碰撞体。对该碰撞体的半径和高度都能够进行单独调节,可作用于角色控制器或其他不规则形状的碰撞结合使用,如图 5-17(c)所示。

(4)Mesh Collider(网格碰撞体)。Mesh Collider 通过获取对象网格分布,在此基础上构建碰撞效果,相比基本碰撞体,网格碰撞体更加精细,但占用系统资源增多。同时,网格碰撞体需开启 Convex 参数,才能与其他网格碰撞体发生碰撞,如图 5-17(d)所示。

(5)Wheel Collider(车轮碰撞体)。Wheel Collider 是一种针对地面车辆的特殊碰撞体。其有内置的碰撞检测与车轮物理系统及有滑胎摩擦的参考体,如图 5-17(e)所示。

(6)Terrain Collider(地形碰撞体)。Terrain Collider 是用于构建地形的独有碰撞体。

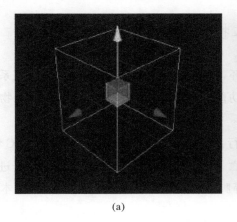 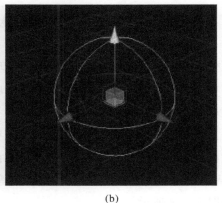

(a)　　　　　　　　　　　　　(b)

图 5-17　碰撞效果图

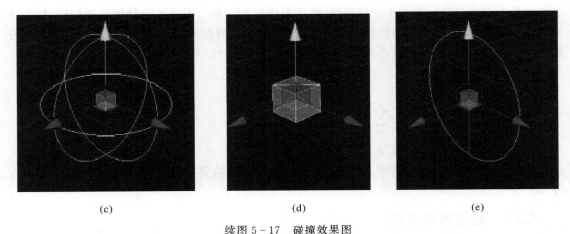

(c)   (d)   (e)

续图 5-17　碰撞效果图

(a)Box Collider 碰撞效果图；(b)Sphere Collider 碰撞效果图；(c)Capsule Collider 碰撞效果图；

(d)Mesh Collider 碰撞效果图；(e)Wheel Collider 碰撞效果图

5.2.3　添加碰撞效果

在三维虚拟可视化井眼轨迹交互系统的设计中,分别对外部导入的模型添加不同的碰撞体。

(1)对地层、发电机、井架平台等类方体添加了 Box Collider 碰撞体；

(2)对虚拟角色、泥浆罐等类胶囊体添加 Capsule Collider 碰撞体；

(3)针对井眼轨迹模型,分别对每一段轨迹路径添加 Mesh Collider 碰撞体；

(4)对钻杆、钻柱添加 Capsule Collider,钻头添加 Sphere Collider 碰撞体；

(5)对地形、树木植被等添加 Terrain Collider 碰撞体。

总之,依照模型形状的不同,添加合理的碰撞体,使用户在虚拟场景中产生真实的碰撞触感。

5.3　脚本控制函数

控制效果的实现是人-机交互最重要的一环,没有控制效果,就没有体验感,交互系统就是失败的。在完成场景环境搭建后,根据项目的功能需求,设计并编写脚本程序,实现物体的运动控制,以达到项目工程的要求。

本项目采用 Unity 2020.1.6(64b)版本进行系统开发。相比于旧版本,只保留 C♯ 脚本。所有脚本都是从实例化开始,随实例结束而消亡。例如起下钻中钻杆的控制,在钻杆进入井眼位置后,从用户视角位置消失,其自带的旋转等脚本程序也随之消失。Unity 3D 脚本命令执行顺序如图 5-18 所示。

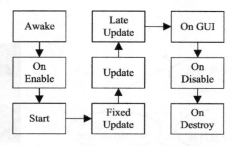

图 5 - 18　Unity 3D 脚本命令执行顺序

现对各项函数简单说明如下：

（1）Awake 函数：与控制器启动无关，初始化时执行，如重力作用现象。

（2）On Enable 函数：在执行脚本时调用。

（3）Start 函数：第一次调用 Update 函数前执行。

（4）Fixed Update 函数：不受帧数变化率的影响，以固定时间间隔被调用。

（5）Update 函数：每次执行新一帧时，都会被调用一次。

（6）Late Update 函数：在每帧 Update 函数执行完毕后调用，和 Fixed Update 函数一样都是每一帧被调用一次。

（7）On GUI 函数：用于渲染、处理 GUI 事件。

（8）On Disable 函数：当对象被销毁或脚本被卸载时被调用，不能协同程序被调用。

（9）On Destory 函数：当 Mono Behaviour 函数销毁时被调用，只能被预先激活的对象调用，不能协同程序被调用。

Unity 通过调用事先声明好的函数，依次将控制权传递给另一个脚本，在函数执行完后，又将控制权交回。其脚本不会独立存在，通常与一个 Game Object（Unity 中所创建物体的统称）绑定，随 Game Object 的消亡而消亡。总的来说，控制效果的实现依靠脚本程序，脚本程序的停止随游戏对象的消亡而消亡。

5.4　交互系统整体设计

5.4.1　交互系统设计思想

1.交互设计理念

交互设计作为一门新学科，于 1984 年提出，主要研究人与界面的关系。交互设计就是以用户为中心，在明确商业目标和用户需求的条件下，设计、创建模型，建立初步概念并编写完整的说明，然后安排用户进行测试以确保此设计可以达到商业及可用性目标。加强用户与软件的交互、反馈，是提升软件性能的关键，也是交互设计理念出现的真正意义[82]。交互设计理念如图 5 - 19 所示。

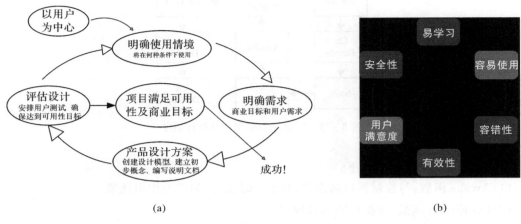

(a)   (b)

图 5 - 19   交互设计理念与界面需求

界面作为系统与用户交互的重要端口,通过动作交互、数据交互、声音交互以及图像交互来实现。用户在界面输入相关信息时,系统就会反馈相关信息。所以,设计者必须创建一个友好、方便、安全、易学习使用、容错性强、高效、令客户满意的界面。界面需求如图 5 - 19 所示。

2.软件架构设计

钻井工程主要分为起升、旋转、循环、传动、控制等八大系统,经过对每个系统的分析,结合研究目的,考虑到设计需求以及井眼轨迹的显示,系统将创建漫游系统、起升系统以及井眼轨迹交互系统三大模块。虚拟交互控制系统结构图 5 - 20 所示。

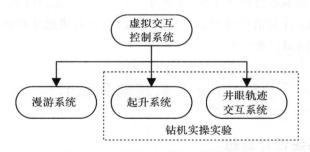

图 5 - 20   虚拟交互控制系统结构图

3.界面设计流程

界面设计在虚拟交互控制系统的开发中占有重要的地位,界面不仅是人-机交互的媒介,而且是用户实现控制的重要桥梁。本系统由初始界面、主界面、子界面组成,在每个界面上可以通过选择类型进入下一级界面。虚拟交互界面设计流程图如图 5 - 21 所示。

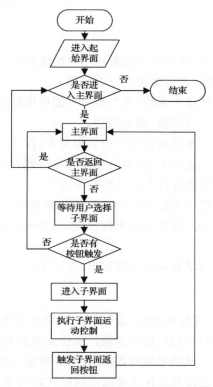

图 5-21　虚拟交互界面设计流程图

5.4.2　UGUI 系统设计原则

1.UGUI 系统简述

采用 Unity 3D 内置的 UGUI 系统设计交互界面[83]。区别于其他 UI 设计软件，UGUI 更加简单、快捷。UGUI 系统自带的界面控件十分丰富，分为可视化控件与交互控件两大类，其功能用法不同。可视化控件用于界面信息的显示，而交互控件用于处理鼠标、键盘以及触摸屏的输入。根据用户需求将 UGUI 常用控件（见表 5-1）进行设计组合，就可以创建完整的系统界面。

表 5-1　UGUI 常用控件

控件名称	作　　用
文本（Text）	作为 GUI 空间标题或标签
图像（Image）	显示非交互式图像
原始图像（Raw Image）	显示非交互式图像
遮罩（Mask）	修饰控件子元素外观
按钮（Button）	启动或确认某项操作
开关（Toggle）	用户选择或取消某个选项的复选框
滑动条（Slider）	用户通过鼠标从一个预先确定的范围选择一个值
滚动条（Scrollbar）	用户滚动因图像太小或其他可视化物体太大不能被看到的物体
输入栏（Input Filed）	不可见 UI 控件，编辑 Text 控件文本

2.UI 界面设计遵循原则

界面作为人-机交互的纽带,其设计直接影响用户的体验效果。为了设计一个友好、方便、简洁大方、实用性强的界面,设计者需要把握以下原则:

(1)以用户实际需求为设计第一原则;用户导航界面中应精炼地介绍操作方法、方式,易上手;界面简单直观,避免花哨,一看即懂,满足用途。

(2)所有页面的命名一定与本页面的设计内容相契合,设计风格一致。一个友好系统界面风格一致,且对色调、排版布局、文字大小、颜色和设计风格都有很高的要求。整体风格一致对于一款 GUI 设计系统的良好体验有着举足轻重的作用。

(3)满足人性化需求。现阶段人们对应用系统的效率和满意度的需求日益提升。系统是否具备专家级和初级玩家的区分,操作是否方便易懂,是否可以根据用户的习惯与喜好定制界面,能否保存设置等非常关键。

在把握上述原则的情况下,结合软件实现效果,设计了简单、实用、友好、个性的交互界面。

3.交互界面设计

在井场沉浸式漫游及钻机实操实验中,设计的交互界面分为三级,即初始界面、主界面和子界面。初始界面用于实现用户登录、退出及软件操作介绍的功能;主界面用于选择进入三个控制系统的功能;子界面用于实现相对应操作系统的人-机交互功能。界面交互实现总框图如图 5-22 所示。其中,井眼轨迹交互操作主要完成沉浸式定向井井轨迹虚拟可视化交互控制,其具体的 UGUI 界面的设计将在 6.5.1 节中详细介绍。

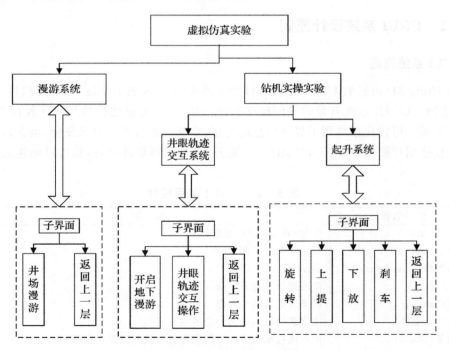

图 5-22 界面交互实现总框图

5.4.3　创建初始界面

本系统交互界面采用 Unity 3D 自带的 UGUI 系统设计交互技术来实现,具体设计步骤如下:

(1)首先在结构视图中创建 Canvas 结构,每个场景都需要 Canvas 添加按钮、文字等设置,在结构视图中点击右键→UI→Canvas 即可创建完毕。

(2)创建好 Canvas 后,对截取的整体井场场景的图片选择合适的分辨率导入 Image 中,按钮在 Canvas 层次中创建,选中创建的 Canvas 点击右键→UI→Button,就完成了按钮的创建,重复此做法可在同一 Canvas 下创建多个按钮。

(3)创建好按钮后,选中按钮右键→UI→Text,并在按钮的 Text 中编辑按钮名称,可以在界面中添加文字。在检视视图的 Text 中添加文字,同时在 Font 选择字体、字体大小、风格等参数。Canvas 结构与 Text 文字设置界面如图 5 – 23 所示。

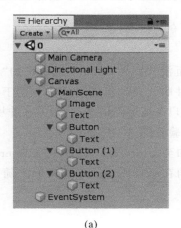
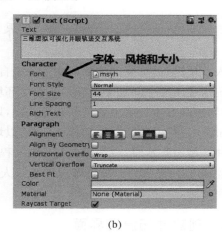

(a)　　　　　　　　　　　　　(b)

图 5 – 23　Canvas 结构与 Text 文字设置界面

(a)Canvas 结构;(b)Text 文字设置界面

此处以设计"三维虚拟可视化井眼轨迹交互系统"初始界面为例,详细介绍界面设计的步骤和流程。为了增强用户对本软件的理解与印象效果,本书系统的起始界面采用整体场景作为界面背景。具体设计步骤如下:

(1)将 Scene 视图模式切换成 2D;

(2)在 Hierarchy 视图中,创建 UI→ Canvas→ Image,将截取的整体场景图片选择合适的分辨率并导入 Image 中,并将 Image 覆盖于 Canvas 上;

(3)在 Hierarchy 视图中,由于需要三个按钮、一个文本,所以重复创建 UI→Button 三次,创建 UI→ Text 一次,调整 Button 与 Text 大小,并将其摆放于合适位置;

(4)在 Inspector 视图中,编辑 Button 与 Text 的文字、颜色、字体等;

(5)在每一个界面、按钮中,添加编辑好、能够实现相关功能脚本程序。

按照上述方法,初始界面就制作完毕。初始界面正中间显示本设计软件的名称,名称下对应三个入口,分别是"进入""退出"以及"简介",点击不同的按钮则跳转不同界面。系统的背景图片是利用 On GUI()函数完成的。在该函数中设置按键的大小、位置以及按键的背景颜色即可生成。在此,通过函数的调用,点击按键来完成事件的操作。点击"进入"按钮,即可进入下一界面;点击"退出"按钮,则退出软件;点击"简介"按钮,则进入软件介绍界面。井眼轨迹交互系统面如图 5 - 24 所示。

图 5 - 24   井眼轨迹交互系统初始界面

5.5   井场漫游界面的创建与实现

在进入系统后,最重要的是如何在系统中自由地沉浸式漫游,以增加可视化的"真实"感。因为本系统构建了井上井场平台和井下地层环境,在井眼轨迹的动态可视化着重于可视化效果,所以井轨迹漫游未加重力效果和碰撞效果,以便用户在地层间随意漫游;但在井场漫游中,加入了 Unity 3D 中的重力效果和碰撞效果,以增加体验者的真实感。

编写井场漫游脚本时,将编写的 C♯脚本程序添加至 Unity 3D 场景中的 Camera,利用键盘与鼠标控制 Camera 运行,即可实现以第一人称视角在不受重力因素的影响下随意地在井场与地层间漫游。

5.5.1   创建井场漫游界面

漫游系统主要是实现以第一视角进入井场,通过 W、S、A、D 键分别控制视角前进、后退、左移、右移;通过鼠标在 X 轴左滑、右滑来实现视角左转、右转的效果;通过鼠标在 Y 轴上滑、下滑来实现视角向上、向下的效果;通过空格键实现视角跳跃,给人极为真实的视觉体验感。

当点击"井场环境漫游"实验时,进入图 5 - 25 的井场环境漫游系统主界面。初始界面中的按钮分别是"进入""退出"以及"简介",点击不同的按钮则跳转不同界面。

图 5 - 25   井场环境漫游系统主界面

在图 5-25 中,当点击"简介"按钮,则弹出系统简介界面,如图 5-26 所示。

图 5-26　井场漫游系统简介界面

在图 5-26 中,点击"操作介绍"按钮,则弹出井场漫游操作界面,如图 5-27 所示。

图 5-27　井场漫游操作界面

如图 5-27 所示,通过编写漫游脚本,并将编写的 C♯ 脚本程序添加至 Unity 3D 场景中的 Camera,利用键盘与鼠标控制 Camera 运行,即可实现以第一人称视角模仿人在重力的作用下沿井场环境地面、楼梯和二层台漫游,又可在不受重力因素的影响下,随意地在井场与地层间漫游。

5.5.2　井场漫游交互控制

1.添加脚本控制程序

为了实现第一视角井场漫游的效果,需要给人物添加控制程序。第一视角无法看见本身,Main Camera 作为第一视角的眼睛,也就是角色控制器的子物体。本系统预置"A、D、W、S 键和空格键"分别控制角色向左移、右移、前行、后退以及跳跃,通过鼠标左移、右移、前移、后移来控制角色的旋转,也就是 Main camera 的旋转。角色控制器包含一个 Mouse look 脚本文件,控制角色通过 X 轴向左、右进行整体旋转,通过 Y 轴向上、下进行整体旋转,最终实现角色上、下、左、右、前、后全方位旋转可视,达到真人体验效果。部分控制调用程序如下:

(1)A、D、W、S 键实现上、下左右控制:

void Start ()

```
int speed = 5; // 定义移动速度
void Update()
    {float x = Input.GetAxis("Horizontal") * Time.deltaTime * speed; //按键水平控制
    float z = Input.GetAxis("Vertical") * Time.deltaTime * speed; //按键垂直控制
    transform.Translate(x,0,z);
    print (x);}
```

（2）鼠标实现 X、Y 轴旋转控制程序如下：

```
float yRot = CrossPlatformInputManager.GetAxis("Mouse X") * XSensitivity;
//鼠标 X 轴控制
float xRot = CrossPlatformInputManager.GetAxis("Mouse Y") * YSensitivity;
//鼠标 Y 轴控制
m_CharacterTargetRot *= Quaternion.Euler (0f, yRot, 0f);
m_CameraTargetRot *= Quaternion.Euler (-xRot, 0f, 0f);
```

2.交互效果展示

当进入漫游系统的界面后,用户以第一人视角漫游整个井场。通过控制按键,在井场内近距离观测 VFD 房、发电机组等其他设备;用户可以从模型设置的阶梯攀爬到钻井平台,增强用真实体验感;用户能够漫游到井场附近的自然场景中,通过阶梯走上二层台观看顶驱、绞车等。用户到达指定范围内,能够听到林中的鸟叫声,声音采用线性播放,实现近大远小的效果,更加真实地把自然元素加入了虚拟空间。漫游交互效果图如图 5-28 所示。

(a)　　　　　　　　　　　　　　(b)

(c)　　　　　　　　　　　　　　(d)

图 5-28　漫游交互效果图

(a)井场环境漫游;(b)平台漫游效果图;(c)井架漫游效果图;(d)设备漫游效果图

5.6　起升系统界面的创建与实现

5.6.1　创建起升系统界面

起升系统主要是实现钻井现场起下钻操作的系统。软件以第一视角给用户提供近距离观看的效果，通过对钻杆/钻柱控制，实现旋转、上提、下放、刹车、返回等功能，增强用户的视觉体验以及参与感。当用户选择"起升系统"时，会弹出起下钻导航界面，简单介绍操作按键及使用功能。下设两个按钮"开启起升操作"与"返回上一层"。起升系统登录界面如图 5 - 29 所示。

图 5 - 29　起升系统登录界面

点击"开始操作"按钮后，进入起升系统，界面包含旋转、上提、下放、刹车、返回五个按钮，通过点击就可以实现起下钻操作。点击"返回上一层"界面，则回到操作主界面。起升系统操作界面如图 5 - 30 所示。

图 5 - 30　起升系统操作界面

5.6.2 钻机控制参数的优选

目前,液压盘刹钻机控制系统多采用传统 PID 控制,系统动态响应存在调节时间长、稳态误差大和整定周期长的问题[3]。由于在钻井过程中,钻遇地层情况不确定,要求控制系统跟随负荷变化具有较好的跟随性和鲁棒性。针对现有液压盘刹钻机控制系统动态性能和静态性能的不足,构建了液压盘刹钻机控制系统模型,设计了粒子群优化算法(Particle Swarm Optimization,PSO),通过 PSO 实现液压盘刹钻机控制系统快速自适应 PID 参数优选[84],提高了参数整定效率和系统响应的准确性。

1.液压盘刹钻机 PID 控制系统建模

(1)液压盘刹钻机 PID 控制系统模型建立。液压盘式刹车是安装在绞车上作为钻机主刹车的装备。在钻机的实际钻进过程中,净悬重为钻压及悬重之和。因为钻压不能被直接测量,所以在自动送钻过程中通过控制悬重以实现对钻压的控制。检测变送装置采集悬重信号,经过控制器控制液压盘刹装置输出合适的刹车力,从而调节钻压和钻速,实现自动送钻。分析井底钻压与液压盘刹的刹车力间的关系,建立了如下液压盘式刹车的钻机模型[4]:

$$F(s) = \frac{P(s)}{P_1(s)} = \frac{\mu AR_1}{\frac{Jzm}{R_2Kk}s^3 + \frac{Jz}{R_2K}s^2 + \left(\frac{Jz}{R_2k} + \frac{R_2m}{kz}\right)s + \frac{R_2}{z}} \tag{5-3}$$

式中,R_1 为刹车盘有效半径,m;R_2 为滚筒有效半径,m;P_1 为油压,t;F 为大钩悬挂拉力,t;z 为游车系统绳数;P 为钻压,t;m 为除去浮力后的等效钻具质量,t;A 为活塞有效面积,m^2;K 为钢丝绳弹性系数,N/m;J 为绞车的转动惯量,t·m^2;

若取游动系统轮数为 $5×6$,则游车系统有效绳数 $z=10$,液压缸活塞直径为 500 mm,则活塞有效面积 $A=0.2$ m^2,摩擦因数 $\mu=0.5$,$R_1=0.8$ m,$R_2=0.35$ m,钻具重量 $M=100$ t,绞车重量 $M_J=20$ t,则 $J=M_J(R_1/2)2=3.2$ t·m^2,将以上各参数代入式(5-3)中,则有

$$F(s) = \frac{P(s)}{P_1(s)} = \frac{1}{1.49s^3 + 1.34s^2 + 45s + 0.5} \tag{5-4}$$

(2)搭建钻机 PID 控制系统仿真模型。在 MATLAB 的 Simulink 仿真环境下,搭建钻机PID 控制系统仿真模型如图 5-31 所示。

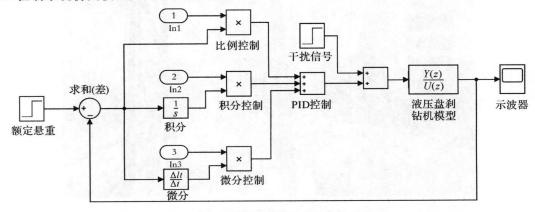

图 5-31 钻机 PID 控制系统仿真模型

在图 5 - 31 中,被控对象 $Y(z)/U(z)$ 为所建液压盘刹钻机模型,由式(5 - 4)经 z 变换得到;钻机控制系统输入为额定悬重,干扰信号模拟钻机钻进过程中钻遇地层的变化;PID 控制器中模块 In1,In2 和 In3 分别对应 PSO 优选出的 PID 参数。

仿真运行后,PID 参数调用模块和液压盘刹钻机模块的关系图如图 5 - 32 所示。

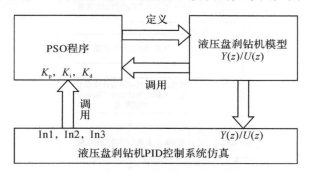

图 5 - 32　模块连接关系

钻机模型的定义在 PSO 程序中实现,在程序运行后,PSO 根据目标适应度函数优选出最优 PID 参数 K_p,K_i 和 K_d。仿真运行后,In 模块和 $Y(z)/U(z)$ 模块自动调用 PID 参数和在PSO 中定义的钻机模型,实现了钻机的快速自适应 PID 控制。

2.基于 PSO 的 PID 参数快速自适应整定

粒子群算法是模拟鸟类觅食的一种算法,可将每只鸟都看作一个粒子,鸟群在寻找食物的过程中,不断地改变自己的速度和位置,直到找到食物。该算法具有结构简单、容易实现且收敛速度快、精确度高的特点。

针对钻机钻进过程中钻遇地层发生变化的情况,期望设计的控制系统能满足稳定性、准确性和快速自适应的要求。将 PSO 引入液压盘刹钻机 PID 参数优选中,设计了基于 PSO 算法的钻机 PID 参数的快速自适应优选,其流程图如图 5 - 33 所示。

在图 5 - 33 中,对算法的参数设置和目标适应度函数定义如下:

(1)种群初始化。在种群初始化中,定义 PID 种群大小 Size=50,粒子的最大速度 $V_{max}=1$和最小速度 $V_{min}=-1$,最大迭代次数 Gen=100,惯性权值 $w=0.3$,学习因子 $c_1=6$ 和 $c_2=0.3$,K_p、K_i 和 K_d 的取值范围为 $[0,50]$。

(2)计算目标适应度函数。对于目标适应度函数的选取,为了获得较好的动态响应过程,采用绝对误差积分准则作为本次研究算法的目标函数,其表达式为

$$J = \int_0^t |error(t)| \, dt \qquad (5-5)$$

式中,$error(t)=r(t)-y(t)$,$r(t)$ 为 t 时刻系统额定悬重,$y(t)$ 为 t 时刻系统的实际输出悬重。

3.仿真结果及分析

为了验证基于 PSO 算法的钻机 PID 参数的快速自适应优选的有效性,在此将采用 Z - N经验公式法、试凑法、遗传算法(Genetic Algorithm,GA)和 PSO 四种方法对液压盘式刹车钻机 PID 参数的优选,通过仿真结果比较四种方法对系统动态性能和静态性能的影响,从而选

出最佳控制方案。

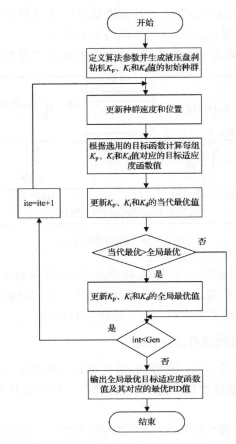

图 5 - 33　PSO 整定 PID 参数流程

（1）仿真环境如下：

软件：Windows 7 ，Matlab R2017a。硬件：Intel(R) Core(TM)i3 - 6100 CPU @ 3.7GHz 4.0GB 内存。

（2）控制系统动态仿真结果。分别采用 Z－N 经验公式法、试凑法、GA 和 PSO 对液压盘刹钻机控制系统进行仿真，其输出曲线分别如图 5－34 所示。

图 5－34 中均采用式(5－3)液压盘刹钻机控制模型，其中：

1)Z－N 经验公式法。图 5－34(a)为采用 Z－N 经验公式时钻机控制系统的响应曲线。通过使用临界比例度法，记录临界比例系数 K_u 和震荡周期 T_u[85]。最后根据 Z－N 经验公式计算出 $K_p=22.45,K_i=0.571,K_d=0.143$。采用 Z－N 经验公式的系统响应曲线超调虽然较小且不存在较大震荡，但是始终存在稳态误差，且该方法不依据被控对象的变化而变化，具有一定的局限性。

2)试凑法。图 5－34(b)为试凑法时钻机控制系统的响应曲线。文献[86]中采用试凑法时的 PID 值为：$K_p=19,K_i=2.0,K_d=0.5$。观察响应曲线可以看出系统在 40 s 左右处达到稳定状态，调节时间较长。且该方式需要现场操作人员根据不同的工况反复试凑出一组相对满意的 PID 参数值，系统性能受人为因素影响较大。

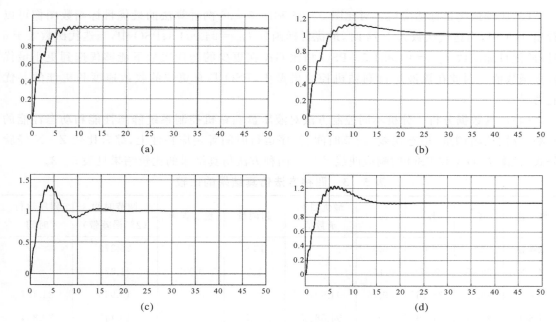

图 5 - 34　系统响应曲线

(a)Z - N 经验公式对应响应曲线;(b)试凑法对应系统响应曲线;(c)GA 系统响应曲线;(d)PSO 系统响应曲线

3)智能优化算法 PID 参数整定。图 5 - 34(c)(d)分别为 GA 和 PSO 时的钻机控制系统响应曲线。两种算法参数定义见表 5 - 2。

表 5 - 2　智能优化算法参数设定

算法	种群大小 Size	迭代次数 Gen	交叉概率 P_c	变异概率 P_m	惯性权值 w	学习因子 c_1	学习因子 c_2
GA	50	100	0.9	0.04	—	—	—
PSO	50	100	—	—	0.3	6	0.3

两种算法采用相同种群大小和迭代次数[87],通过对比仿真曲线可知,两种算法都能实现液压盘刹钻机的稳定控制,从图 5 - 35 和图 5 - 36 的响应曲线可知,在相同的 Size 和 Gen 条件下,PSO 相较 GA 优选的 PID 控制参数使得系统响应的超调量更小,调节时间更短。

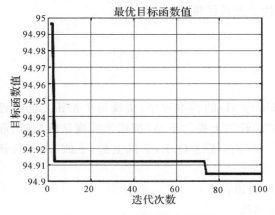

图 5 - 35　GA 最优目标函数值

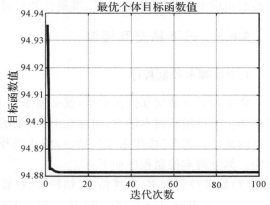

图 5 - 36　PSO 最优目标函数值

（3）比较最优目标适应值。对比图 5-35 和图 5-36 两种算法的最优目标函数图像可以看出：GA 中，当迭代次数大于 74 时，最优目标函数 $J_{GA}=94.904\,5$；PSO 中，当迭代次数大于 6 时，最优目标函数 $J_{PSO}=94.881\,5$。PSO 相比 GA 在更少的迭代次数下能够优选到更小最优目标函数值。因此在该液压盘刹钻机控制模型中，PSO 具有更快的收敛速度和更佳的寻优能力[84]。

（4）仿真数据分析。分析不同控制方法对液压盘刹钻机控制系统静态性能和动态性能的影响，分别从超调量、稳态误差、调节时间、程序运行时间等响应特性上，综合比较 Z-N 经验公式、试凑法、GA 和 PSO 的响应曲线[88-91]。四种方法仿真结果的比较结果见表 5-3。

表 5-3　四种方法仿真结果的比较

算　法	K_p	K_i	K_d	最优目标函数值	超调量	稳态误差	调节时间（2%误差带）	程序运行时间
试凑法	19	2.0	0.5	—	12.6	0	25.272	—
Z-N	22.45	0.57	0.143	—	2.9	0.025	21.374	—
GA	45.01	38.16	49.76	94.904 5	40.4	0	15.945	21.427
PSO	45.57	11.99	50	94.881 5	21.5	0	13.447	20.854

分析表 5-3 数据可知，相较试凑法、Z-N 经验公式法和 GA，PSO 方法具有以下优点：

1）快速性分析。PSO 的调节时间为 13.447s，相较试凑法、Z-N 经验公式法和 GA 在调节时间上分别缩短 87.9%、58.9% 和 18.5%，PSO 使得系统能够以最快速度达到给定钻压，实现快速恒钻压送钻。

2）准确性分析。采用 Z-N 经验公式法时，响应曲线在 50 s 时仍有 0.025 的稳态误差，而 PSO 的稳态误差为 0，因此 PSO 相较 Z-N 经验公式法具有更高的控制精度。

3）稳定性分析。PSO 的超调量为 21.55%，相较 GA 在超调量上降低了 87.9%，因此 PSO 相较 GA 具有更好的稳定性。

4）在程序运行时间上，PSO 相较 GA 速度提升了 2.7%，避免了 Z-N 经验公式的大量计算和试凑法的反复试凑，满足了钻机控制中的跟随性问题。

综合以上分析，采用 PSO 优化液压盘刹钻机实现快速自适应 PID 控制，为钻机恒钻压闭环控制提供参数优选，在稳定性、准确性和快速性上更具优越性。

5.6.3　起下钻交互控制

1.添加脚本控制程序

要实现起下钻交互操作效果，就必须添加 Unity 3D 的脚本程序，实现每个按钮之间的连接功能。通过编辑脚本语言，附加在 UI 界面的"旋转""上提""下钻"按钮来实现钻杆旋进、起下钻的操作；"刹车"按钮来实现钻进/停止操作。同时，按键 Q，E，T 同上提、下放、刹车按钮功能。部分脚本控制程序如下：

（1）旋转控制脚本，实现钻头、钻杆、钻柱旋转效果：

```
public float _RotationSpeed=5f; //定义自转的速度
transform.Rotate(Vector3.down * _RotationSpeed,Space.Self); //物体自转
```

（2）上提、下放、刹车控制脚本如下：

```
float speed = 5.0f;//定义速度
    int shangti = 0;
    int xiafang = 0;//定义参数
void Update (){
    if (Input.GetKeyDown (KeyCode.E))//实现 E 控制上提
    {shangti = 1;
        xiafang = 0;}
    if(shangti==1)
        {float translation1=speed * Time.deltaTime;
            ransform.Translate(0，0，translation1);}
    if (Input.GetKeyDown (KeyCode.Q))//实现 Q 控制下放
        {xiafang = 1;
            shangti = 0;}
    if(xiafang==1)
        {float translation1=-speed * Time.deltaTime;
            transform.Translate(0，0，translation1);}
    if (Input.GetKey (KeyCode.T)) //实现 T 控制停止
        {shangti = 0;
            xiafang = 0;}}
```

2.交互效果展示

在进入起升交互系统的界面后，用户会以第一视角在钻台面进行起下钻的操作。界面的左侧为交互控制按钮，点击"旋转"按钮，实现钻柱自转，点击"下放"按钮，直观展示钻柱向下通往井眼的过程；点击"上提"按钮，能够观测到钻柱从井眼口上升的效果图；点击"刹车"按钮，终止其他操作；点击"返回"按钮，回到上一层界面。

在此系统中，通过对界面按键的控制实现旋转、上提、下放、刹车、返回等功能，从而改变钻柱的形态，实现了人-机交互功能。起下钻人-机交互效果图如图 5-37 所示。

(a)   (b)

图 5-37　起下钻人-机交互效果图

(a)上提界面；(b)下放界面

第6章　井眼轨迹虚拟现实三维可视化

在油气田开采过程中,井眼轨迹直接影响着钻井整体效率,对于复杂井,较差的井眼轨迹很可能会造成卡钻或施加钻压困难等重大事故的发生。因而,在钻井过程中,井眼轨迹的优化和精确控制就显得十分重要。井眼轨迹的有效、实时、快速的优化是实现井眼轨迹精确控制、提高中靶率和降低钻井风险的前提。

6.1　井眼轨迹的可视化需求分析

6.1.1　需求分析

查阅国内外虚拟现实技术与可视化技术在钻井工程中的应用相关文献,借鉴国内外先进技术,研究三维可视化技术,研究油气钻井工艺流程、虚拟建模方法,分析基于 Unity 3D 的沉浸式定向井井轨迹动态可视化系统的需求。需求主要包括以下三方面:

(1)虚拟环境搭建。需完成井架和钻头模型的创建,井上井场平台、井场地形环境和井下地层环境的搭建,并为实现井眼轨迹可视化搭建应用背景。利用 3Ds Max 三维建模软件完成简单的钻头、井场和地层模型设计,利用 Unity 3D 游戏引擎,实现虚拟井场平台与环境的搭建,为后期井眼轨迹可视化做好基础的环境搭建工作。

(2)井眼轨迹可视化的实现。以优化井轨迹、定向井井轨迹和实钻井轨迹三种形式展现可视化效果。利用 C♯脚本程序语言设计优化数据输入窗口,利用优化数据控制钻头在虚拟环境下运行的优化井井眼轨迹可视化;利用 Unity 3D 的相关组件和第三方插件实现定向井的可视化,其中包括分支井、分段井和水平井三种形态;最后利用实时数据通过相关 Excel 接口函数实现实钻井轨迹的可视化。

(3)交互系统的开发与发布。在 Unity 3D 平台下系统性开发交互系统,设计可视化系统 GUI 交互界面,并灵活实现场景和界面的跳转,再利用 Unity 3D 平台强大的兼容性,发布 Windows 平台下的可执行文件或单机版人-机交互的井眼轨迹可视化系统。

根据以上三个需求,整体设计需求结构图如图 6－1 所示。

设计需求总体分为场景搭建、可视化系统设计和交互系统的开发与发布三个部分。场景搭建主要包含 3Ds Max 三维建模和 Unity 3D 虚拟环境搭建两部分。可视化系统设计包含优化井轨迹可视化开发、定向井井轨迹可视化开发和实钻井轨迹可视化开发三部分。其中定向井井轨迹设计了分支井、分段井和水平井三种。可视化系统具体设计方法和步骤在第 3 章到第 5 章中进行了详细介绍。本章阐述交互系统的开发与发布包含沉浸式定向井井轨迹动态可视化系统的开发过程与发布结果。

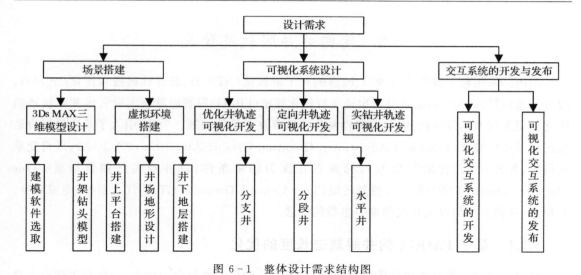

图 6-1　整体设计需求结构图

6.1.2　技术路线

利用虚拟现实技术,结合定向井井眼轨迹的优化与设计,通过对 Unity 3D 软件的深入学习,研究井眼轨迹计算和虚拟可视化仿真控制,实现沉浸式定向井井眼轨迹动态可视化系统的开发与设计。井眼轨迹交互控制技术路线如图 6-2 所示。

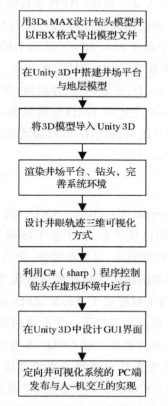

图 6-2　井眼轨迹交互控制技术路线

6.2 定向井井眼轨迹优化

国内外采用粒子群算法(PSO)、改进的粒子群算法(NPSO)、混合杜鹃搜索优化(hCSO)、改进的遗传算法(NGA)以及混合蝙蝠飞行优化算法(hBFO)等智能算法实现三维井眼轨迹的优化。但是现有的算法的效率、稳定性和鲁棒性存在不足的问题。为此,引入了基于快速自适应的量子遗传算法(Fibonacci Adjustment Quantum Genetic Algorithm,FAQGA),以自变量的取值,各井段、套管的长度及目标垂直井深为约束条件,以井身实际测量深度(True Measured Depth,TMD)和实际控制转矩(True Control Torque,TCT)为优化目标,完成井身、井斜角、井斜方位角以及井段曲率等参数的优选。

6.2.1 基于 FAQGA 的井眼轨迹长度的优化

针对在复杂三维井眼轨迹优化问题中自变量多、约束条件复杂的特点,为提高多靶点多井段复杂井眼轨迹优化结果的精度和优化速度,克服现有算法的实时性较差的问题,设计了一种基于 Fibonacci 的自适应量子遗传算法 FAQGA。该算法在 Bloch 球面坐标体系下,引入 Fibonacci 数列实现快速自适应调整的量子旋转门转角步长,利用量子遗传算法的超高速、超并行和全局寻优的特点,完成多靶点复杂三维井眼轨迹优化。首先,分析 Fibonacci 数列,发现该数列具有负指数特性,将该特性引入量子旋转门转角步长的更新策略中,从而在不增加算法的空间复杂度 $O(n^2)$ 的同时将算法的时间复杂度降低 $O(1)$,大幅提高了算法的效率,缩短了算法的运行时间。其次,将任意一个量子位与 Bloch 球面上的点一一对应,从而增加解的遍历性。最后,针对多靶点复杂三维井眼轨迹优化问题,在井段、套管长度及目标垂直井深等 9 个约束条件下,应用 FAQGA 优化 TMD,完成井身、井斜角、井斜方位角以及井段曲率等多个参数的优选。实验结果表明:FAQGA 优化的 TMD 结果更优,算法的运行速度更快,耗时更短。将该方法应用于实际钻井过程中井眼轨迹优化,可增加优化过程实时性,提高钻井效率和成功率,降低钻井时间并节约钻井成本。

1.FAQGA

量子遗传算法(Quantum Genetic Algorithm,QGA)是一种基于量子计算原理的概率优化算法。2000 年,K. H. Han 提出以量子态、量子态干涉和量子态叠加等为基础的量子计算的概念和理论[92]。QGA 具有种群规模小、收敛速度快、全局搜索能力强等优点。为避免由于量子测量位生成的二进制编码引起的随机性和连续函数优化问题求解过程中的频繁解码,同时扩展最优解的数量,李士勇提出了双链量子遗传算法(Double Chains Quantum Genetic Algorithm,DCQGA)[93]。2010 年,许少华提出了一种改进的双链量子遗传算法(Improved DCQGA,IDCQGA),该算法虽然在收敛速度上较 DCQGA 有所提高,但是在鲁棒性方面仍存在不足[94]。2012 年,沙林秀提出的变步长双链量子遗传算法(A Variable Step Double Chains Quantum Genetic Algorithm,VSDCQGA)[94],虽提高了收敛速度和稳定性,但是其转角的调整策略采用的是一阶线性调节,当目标搜索点的目标适应度变化极小或极大时,算法的收敛速度较慢。针对复杂井眼轨迹优化中约束条件复杂和待优化参数多的问题，本书提出了一种基于 Fibonacci 快速自适应的量子遗传算法（FAQGA）的复杂井眼轨迹优化的算法，该算法用相邻两代目标函数在搜索点的变化率来指导解的寻优过程，以改善种群的收敛速度和方向[94]。

（1）基于 Bloch 坐标的量子态。在量子计算中，采用 $|0\rangle$ 和 $|1\rangle$ 表示微观粒子的两种状态，称为量子比特（Quantum bit，Qubit）。一个量子比特可表示为 $|\varphi\rangle = \alpha|0\rangle + \beta|1\rangle$，即一个量子比特可处于 $|0\rangle$ 态、$|1\rangle$ 态、或 $|0\rangle$ 态和 $|1\rangle$ 的线性组合态。其中 α 和 β 表示为对量子位测量时得到 0 的概率为 $|\alpha|^2$ 和得到 1 的概率为 $|\beta|^2$，且满足归一化条件 $|\alpha|^2 + |\beta|^2 = 1$。

量子遗传算法（Quantum Genetic Algorithm，QGA）是建立在量子位与量子态叠加等概念的基础上提出的一种概率优化算法。基于 Bloch 球面坐标中，单量子比特可表示为

$$|\varphi\rangle = \cos\frac{\theta}{2}|0\rangle + e^{i\varphi}\sin\frac{\theta}{2}|1\rangle \tag{6-1}$$

式中，$\cos(\theta/2)$ 和 $e^{i\varphi}\sin(\theta/2)$ 称为量子比特的概率幅。在 Bloch 球面坐标下，用 θ 和 φ 定义该球面的一个点 P，则任意一个量子位都与 Bloch 球面上的点一一对应。基于 Bloch 球面坐标量子态如图 6-3 所示。

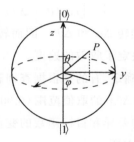

图 6-3　基于 Bloch 球面坐标量子态

（2）量子遗传算法的编码。在基于 Bloch 球面坐标的量子遗传算法（Bloch Quantum Genetic Algorithm，BQGA）中，量子比特 $|\varphi\rangle$ 表示为 $|\boldsymbol{\varphi}\rangle = [\cos\varphi\sin\theta \ \ \sin\varphi\sin\theta \ \ \cos\theta]^T$。对于种群 $Q(t) = \{q_1^t, q_2^t, \cdots, q_n^t\}$，其中 q_i^t 表示第 t 代的一条染色体，基于 Bloch 球面坐标的量子染色体编码[92]为

$$q_i^t = \begin{bmatrix} \begin{vmatrix} \cos\varphi_{i1}\sin\theta_{i1} \\ \sin\varphi_{i1}\sin\theta_{i1} \\ \cos\theta_{i1} \end{vmatrix} & \cdots & \begin{vmatrix} \cos\varphi_{im}\sin\theta_{im} \\ \sin\varphi_{im}\sin\theta_{im} \\ \cos\theta_{im} \end{vmatrix} \end{bmatrix} \tag{6-2}$$

式中，$\varphi_{ij} = 2\pi \times \text{rand}$，$\theta_{ij} = \pi \times \text{rand}$；rand 为 $(0,1)$ 之间的随机数；$i = 1, 2, \cdots, n$，$j = 1, 2, \cdots, m$，n 为种群规模，m 为量子位个数。

（3）解空间的变换。当优化过程限定在单位空间 $I^n = [-1, 1]^n$ 内，在 Bloch 球面坐标中 m 个量子位有 $3m$ 个坐标，利用线性变换，将这 $3m$ 个坐标由 n 维单位空间 $I^n = [-1, 1]^n$ 映射优化问题的解空间，每个坐标对应解空间中的一个优化变量。第 t 迭代的第 i 条染色体 q_i^t 所对应的第 j 个量子位相应的解空间变量为

$$X_{ix}^{j} = \frac{1}{2} \left[b_i (1 + x_i^{j}) + a_i (1 - x_i^{j}) \right]$$

$$X_{iy}^{j} = \frac{1}{2} \left[b_i (1 + y_i^{j}) + a_i (1 - y_i^{j}) \right] \qquad (6-3)$$

$$X_{iz}^{j} = \frac{1}{2} \left[b (1 + z_i^{j}) + a_i (1 - z_i^{j}) \right]$$

式中，x_i^{j}，y_i^{j} 和 z_i^{j} 是量子位的 Bloch 坐标值。每条染色体对应优化问题的三个解。b_i 和 a_i 为优化问题解空间的最大值和最小值。

（4）量子染色体的更新。在 QGA 中，量子旋转门的转角是决定算法性能的关键。在更新的过程中，只改变量子位的相位，不改变量子位的长度。量子染色体的更新是通过量子旋转门转角相位改变实现的，其目的在于使当前种群中的每一个染色体逼近最优染色体过程中产生更好的当代最优解。量子旋转门 R 实现第 t 代染色体 q_i^{t} 的更新，更新的染色体 q_i^{t+1} 可表示为

$$\boldsymbol{q}_i^{t+1} = R \begin{bmatrix} \cos\varphi \sin\theta \\ \sin\varphi \sin\theta \\ \cos\theta \end{bmatrix} = \begin{bmatrix} \cos(\varphi + \Delta\varphi)\sin(\theta + \Delta\theta) \\ \sin(\varphi + \Delta\varphi)\sin(\theta + \Delta\theta) \\ \cos(\theta + \Delta\theta) \end{bmatrix} \qquad (6-4)$$

式中，R 的作用是使量子位的相位旋转 $\Delta\varphi$ 和 $\Delta\theta$。因而转角 $\Delta\varphi$ 和 $\Delta\theta$ 的符号和大小至关重要。符号决定收敛的方向，而大小决定了收敛的速度。

目前，关于 $\Delta\varphi$ 和 $\Delta\theta$ 的大小的确定，有的是根据查询表，但是由于其涉及多路判断而降低了算法的效率，有的给出 $|\Delta\varphi|$ 和 $|\Delta\theta|$ 的取值范围（0.005π，0.05π），但没有给出具体选择的依据，也没有考虑种群中各染色体的差异和目标函数的变化趋势。

（5）转角步长 $\Delta\varphi$ 和 $\Delta\theta$ 的更新方法。

1）分析 Fibonacci 数列的负指数特性。若用 F_n 表示数列中的第 n 个元素，则 Fibonacci 数列满足

$$\left. \begin{aligned} F_n &= F_{n-1} + F_{n-2} \\ F_1 &= F_2 = 1 \end{aligned} \right\} \quad (n \geqslant 3, n \text{ 为正整数}) \qquad (6-5)$$

式中，该数列从第三项开始，每一项都等于前两项之和。

$$g(x) = \lim_{n \to \infty} \frac{F_n}{F_{n+x}} \approx 0.618\,033\,989^{x} \approx 1.618\,034\,0^{(-x)} \qquad (6-6)$$

对式（6-6）两边取自然对数，则有

$$\ln[g(x)] = -x \ln(1.618\,034\,0) = -0.481\,2x \qquad (6-7)$$

式中，$x = 0, 1, 2, \cdots$，分析 x 和 F_n/F_{n+x} 的拟合关系。其拟合关系式如图 6-4 和图 6-5 所示。图 6-4 和图 6-5 中，"$*$"表示表达式 F_n/F_{n+x} 的值，"$+$"表示表达式 0.618^x 的值，"—"线条为拟合关系曲线 $e^{-0.4812x}$。

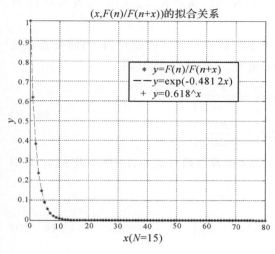

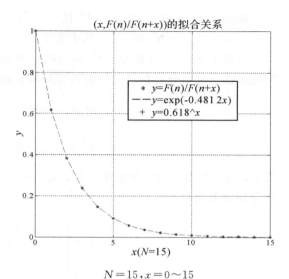

$N=15, x=0\sim80$

图 6-4　（$x, F_n/F_{n+x}$）及其拟合关系式

$N=15, x=0\sim15$

图 6-5　（$x, F_n/F_{n+x}$）及其拟合关系式

2）量子旋转门的转角调整策略。在量子遗传算法的最优解搜索过程中，当搜索点处目标函数变化率较大时，可适当地减小转角步长，阻止越过全局最优解，防止算法的振荡。反之，当搜索点处的目标适应度函数相对变化率较小时，应适当地增加转角步长，以提高算法的收敛速度和鲁棒性。

图 6-5 中，将 x 看成搜索点处目标函数变化率。当 $N=15$，$x \in [0,15]$，$x \in \mathbf{N}^+$ 时，F_n/F_{n+x} 与 x 之间的呈负指数关系正好符合量子旋转门的转角的调整策略，其关系式可表达为

$$g(x) = \lim_{n \to \infty} \frac{F_n}{F_{n+x}} \bigg|_{N=15} \approx \mathrm{e}^{-0.481\,2x}, \quad x \in [0,15] \tag{6-8}$$

3）误差分析。令拟合误差为 $E(x) = \mathrm{e}^{-0.481\,2x} - F_n/F_{n+x}$，其中，$N=15$ 且 $x \in [0,20]$，$x \in \mathbf{N}^+$，则拟合 $E(x)$ 与 x 取值之间的关系如图 6-6 所示。

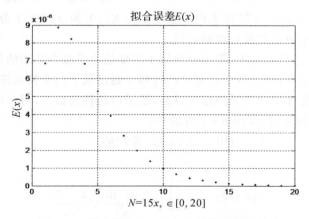

图 6-6　拟合误差 $E(x)$ 与 x 取值之间的关系

观察图 6－6 可知,当 $N=15$ 且 $x\in[0,15]$ $x\in\mathbf{N}^+$ 时,误差 $E<9\times10^{-6}$;当 $N=15$ 且 $x\in[15,20]$, $x\in\mathbf{N}^+$ 时,误差几乎为零。

4)基于 Fibonacci 转角步长 $\Delta\varphi$ 和 $\Delta\theta$ 更新。考虑种群中染色体的差异,将当前搜索点处目标函数一阶差分的相对变化引入转角步长函数的更新, $\Delta\varphi$ 和 $\Delta\theta$ 定义为

$$\left.\begin{array}{l}\Delta\varphi=-\operatorname{sgn}(A)\times\Delta\varphi_0\times\dfrac{F_n}{F_{n+\text{ad\_c}}}\\[3mm]\Delta\theta=-\operatorname{sgn}(B)\times\Delta\theta_0\times\dfrac{F_n}{F_{n+\text{ad\_c}}}\end{array}\right\} \tag{6-9}$$

式中, $\Delta\varphi_0$ 和 $\Delta\theta_0$ 为单位转角步长, $\Delta\varphi_0=\Delta\theta_0=0.05\pi$ 求符号函数 $\operatorname{sgn}(A)$ 中 A 及 $\operatorname{sgn}(B)$ 中 B 分别定义为

$$A=\begin{vmatrix}x_{bj}&x_{ij}\\y_{bj}&y_{ij}\end{vmatrix}, \quad B=\begin{vmatrix}z_{bj}&z_{ij}\end{vmatrix} \tag{6-10}$$

式中,当前最优染色体 q_b^t 中的第 j 个量子位的 Bloch 坐标为 $q_{bj}^t(x_{bj},y_{bj},z_{bj})$;当代种群中第 i 条染色体的第 j 个量子位的 Bloch 坐标为 $q_{ij}^t(x_{ij},y_{ij},z_{ij})$ (其中: $i=1,2,\cdots,n$, $j=1,2,\cdots,m$)。确定 $\Delta\varphi$ 和 $\Delta\theta$ 方向的规则为:当 $A\neq0$ 时,方向为 $\operatorname{sgn}(\Delta\varphi)=-\operatorname{sgn}(A)$;当 $A=0$ 时,方向取正、负均可。确定 $\Delta\theta$ 方向的规则为:当 $B\neq0$ 时,方向为 $\operatorname{sgn}(\Delta\theta)=-\operatorname{sgn}(B)$;当 $B=0$ 时,方向取正、负均可。

式(6－9)中,ad_c 反映搜索点处目标适应度函数在搜索点出的相对变化值,定义为

$$\text{ad\_c}=\operatorname{int}\left(\dfrac{\nabla f_i(X_i^j)-\nabla f_{i\min}}{\nabla f_{i\max}-\nabla f_{i\min}}\times10\right) \tag{6-11}$$

式(6－11)中,int(·)表示取整运算。 X 为 Size 行 Coder 列的步长调整矩阵,Size 为种群的规模,一般 Size 取值为 50～80,Coder 为链条的编码,对于 FAQGA,Coder 为待优化的自变量的个数。 $\nabla f_i(X_i^j)$ 为目标函数 $f(X)$ 在点 X_i^j 梯度。 $\nabla f_{i\max}$ 和 $\nabla f_{i\min}$ 分别为相邻两代目标函数值梯度的最大最小值,其定义为

$$\left.\begin{array}{l}\nabla f_{i\min}=\min\{|f(X_{p1}^j)-f(X_{c1}^j)|,\cdots,|f(X_{pm}^j)-f(X_{cm}^j)|\}\\[2mm]\nabla f_{i\max}=\max\{|f(X_{p1}^j)-f(X_{c1}^j)|,\cdots,|f(X_{pm}^j)-f(X_{cm}^j)|\}\end{array}\right\} \tag{6-12}$$

式中, X_{p*} 和 X_{c*} 分别表示父代和子代染色体; $f(X_{p*}^j)$ 和 $f(X_{c*}^j)$ 分别表示父代和子代第 $*$ 个染色体的第 j 个量子位的目标函数值。

(6)变异策略。在遗传算法中,采用变异算子主要是为了改善算法的局部搜索能力和维持种群的多样性。在量子理论中,各个状态间的转移是通过量子门变换矩阵实现的。因此,利用量子门可表征量子染色体中的变异操作。目前,量子门的种类很多,对于单量子比特用 X、Z、H 逻辑门实现染色体的变异,如图 6－7 所示[92]。

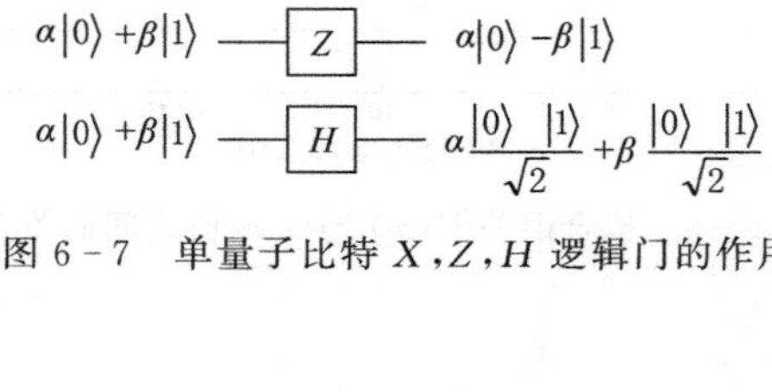

图 6－7　单量子比特 X,Z,H 逻辑门的作用

分析发现,通过 X 和 Z 逻辑门的作用,所观测到的量子基态仍然是 $|0\rangle$ 和 $|1\rangle$,但是采用 H(Hadamard)逻辑门则观测到的是 $(|0\rangle+|1\rangle)\sqrt{2}$ 和 $(|0\rangle-|1\rangle)\sqrt{2}$。因此,在基于 Bloch 球面坐标中,以变异概率为 P_m 随机对若干个量子位执行 H 逻辑门变异操作,执行过程为

$$\overline{\boldsymbol{q}_i^t}=\frac{1}{\sqrt{2}}\begin{bmatrix}1 & -1\\1 & 1\end{bmatrix}\begin{bmatrix}\cos\varphi\sin\theta\\\sin\varphi\sin\theta\\\cos\theta\end{bmatrix}=\begin{bmatrix}\cos(\varphi+\pi/4)\sin(\theta+\pi/4)\\\sin(\theta+\pi/4)\sin(\varphi+\pi/4)\\\cos(\theta+\pi/4)\end{bmatrix} \tag{6-13}$$

采用式(6-13)实现量子位变异实质是对这若干个量子位的幅角同时逆时针旋转 $\pi/4$,以保持种群的多样性,降低早熟收敛的概率。

(7)算法的时间复杂度分析。传统 QGA(K. H. Han,2000)算法的时间复杂度为指数运算的时间的复杂度 $O(c^n)$,$c=e$ 为常数;BEGA(李士勇)算法的时间复杂度为 $O(1)$,但转角步长 $\Delta\varphi=\Delta\theta=0.05\pi$ 为常数。FAQGA 根据目标适应度的变化,利用 F_n/F_{n+x} 实现自适应调整转角步长,改善算法的收敛方向和收敛速度,其时间复杂度为 $O(1)$。从算法的时间的复杂度分析,FAQGA 明显降低了算法的时间复杂度,提高了算法的效率。

2.实际测量井眼轨迹长度

钻井作业环境复杂,加之非常规、深水、深层、极地等油气田数量增长,井眼轨迹优化控制的智慧化和可视化成为亟待攻克的技术,其不仅可以提高钻井的效率和成功率,同时降低钻井成本。

复杂井眼轨迹可以由 n 条直线段和 m 条曲线段构成三维分段曲线,各井段连接必须满足 3 个条件:①相邻两井段不能同为直线段;②相邻两井段在公共点上相切;③相邻两井段在公共点处三阶可微。三维定向井的示意图如图 6-8 所示。待优化复杂井眼轨迹的垂直横截面如图 6-9 所示[97]。

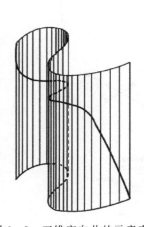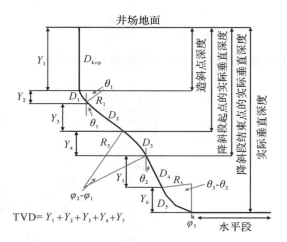

图 6-8　三维定向井的示意表　　图 6-9　复杂井眼轨迹的垂直横截面

(1)三维井眼轨迹优化的目标函数。针对复杂井眼轨迹优化问题,以多目标靶点的井眼轨迹为研究对象,引入了基于 Fibonacci 快速自适应的量子遗传算法(FAQGA),完成井身、井斜

角、井斜方位角以及井段曲率等多个参数的优选，以井身实际测量深度（TMD）为优化目标，以自变量的取值，以各井段、套管的长度及目标垂直井深为约束条件，目标函数可定义为

$$\text{obj\_function}=\min\{\text{TMD}\}$$

其中：
$$\text{TMD}=D_{\text{kop}}+D_1+D_2+D_3+D_4+D_5+\text{HD}$$

$$\text{s.t.}\quad x_{i\min}\leqslant x_i\leqslant x_{i\max}$$
$$D_s>0\quad(s=1,2,3,4,5)\tag{6-14}$$
$$\text{cas}_{j\min}\leqslant\text{cas}_j\leqslant\text{cas}_{j\max}$$
$$\text{TVD}_{\min}\leqslant\text{TVD}\leqslant\text{TVD}_{\max}$$

式中，TMD 为优化目标函数，ft；$\boldsymbol{X}=(\varphi_1\sim\varphi_3,\theta_1\sim\theta_6,D_d,D_B,D_{\text{kop}})\in\mathbf{R}^{12}$，即解空间 $\mathbf{R}^{12}$ 由 12 维决策向量 $\boldsymbol{X}$ 组成，即待优化的自变量个数为 12；j 为套管设计的段数，$j=1,2,3$（见图 6-9）；$\text{TVD}_{\min}$，$\text{TVD}_{\max}$ 分别为井眼轨迹的垂深下限和上限。式（6-14）中，各段计算公式定义为

$$D_1=R_1\sqrt{(\theta_2-\theta_1)^2\sin^4(\frac{\varphi_1-\varphi_0}{2})+(\varphi_1-\varphi_0)^2}$$
$$R_1=100/(T\times\frac{\pi}{180})\tag{6-15}$$

$$D_2=[D_d-D_{\text{kop}}-D_1\times(\sin\varphi_1-\sin\varphi_0)/(\varphi_1-\varphi_0)]/\cos\varphi_1\tag{6-16}$$

$$D_3=R_3\sqrt{(\theta_4-\theta_3)^2\sin^4(\frac{\varphi_2-\varphi_1}{2})+(\varphi_2-\varphi_1)^2}$$
$$R_3=100/(T\times\frac{\pi}{180})\tag{6-17}$$

$$D_4=[D_B-D_d-D_3\times(\sin\varphi_2-\sin\varphi_1)/(\varphi_2-\varphi_1)]/\cos\varphi_2\tag{6-18}$$

$$D_5=R_5\sqrt{(\theta_6-\theta_5)^2\sin^4(\frac{\varphi_3-\varphi_2}{2})+(\varphi_3-\varphi_2)^2}$$
$$R_5=100/(T\times\frac{\pi}{180})\tag{6-19}$$

式中，D_1，D_5 增斜段的三维示意图如图 6-10 所示。

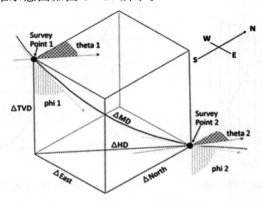

phi：倾斜角φ　　theta：方位角θ

图 6-10 增斜段的三维示意图

在图 6 - 10 中,增斜段曲线长度为

$$\Delta MD = r\sqrt{(\theta_2 - \theta_1)^2 \sin^4(\frac{\varphi_2 - \varphi_1}{2}) + (\varphi_2 - \varphi_1)^2} \qquad (6-20)$$

曲率半径为

$$r = \frac{1}{\alpha} = \frac{180 \times 100}{\pi \times T} \qquad (6-21)$$

图 6 - 10 中,ΔMD 曲线段在三维坐标下的增量计算可定义为

$$\Delta North = \frac{\Delta MD(\cos\varphi_1 - \cos\varphi_2)(\sin\theta_2 - \sin\theta_1)}{(\varphi_2 - \varphi_1)(\theta_2 - \theta_1)} \qquad (6-22)$$

$$\Delta East = \frac{\Delta MD(\cos\varphi_2 - \cos\varphi_1)(\cos\theta_2 - \cos\theta_1)}{(\varphi_2 - \varphi_1)(\theta_2 - \theta_1)} \qquad (6-23)$$

$$\Delta Vertical = \frac{\Delta MD(\sin\varphi_2 - \sin\varphi_1)}{\varphi_2 - \varphi_1} \qquad (6-24)$$

(2)三维井眼轨迹优化算法描述。基于 FAQGA 的三维井眼轨迹优化流程图如图 6 - 11 所示。

采用 FAQGA,以 $\min\{TMD\}$ 为目标函数,实现三维井眼轨迹优化。图 6 - 11 中的"参数定义"主要是指 FAQGA 的参数设置(见表 6 - 1)。种群初始化是依据随机生成的 θ 和 φ ,在自变量约束边界条件下,根据式(6 - 3)的解空间的转化公式生成初始种群。

表 6 - 1　FAQGA 的参数设置

算法	Size	CodeL	Gen_max	P_m	$\Delta\varphi_0 = \Delta\theta_0$
FAQGA	50	12	200	0.02	0.05π

表 6 - 1 中,Size 为种群的大小;CodeL 为自变量的个数;Gen_max 为最大迭代次数;P_m 为变异概率;$\Delta\varphi_0 = \Delta\theta_0 = 0.05\pi$ 为单位转角步长。FAQGA 转角 θ 和 φ 规模均为 Size×CodeL,解空间规模为 Size×CodeL×3。

3.仿真及结果分析

(1)仿真结果。采用 FAQGA 实现三维井眼轨迹的优化,TMD 的优化结果如图 6 - 12 所示。

图 6 - 12 中采用 FAQGA 实现复杂三维井眼轨迹 TMD 优化,横坐标为迭代次数,Iteration=200,纵坐标为随迭代增加每代搜索到的最优井眼轨迹实际测量深度。由图 6 - 12 可以看出,当 Iteration>145 时,TMD 趋近于全局最优解 1.48×10^4 ft。

图 6 - 13 中采用 FAQGA 实现复杂三维井眼轨迹垂直井深的优选。横坐标为迭代次数,Iteration=200,纵坐标为井眼轨迹实际垂直井深 TVD。随着迭代次数的增加,搜索到的最优 TMD 减小以及种群中自变量的取值不同,TVD 出现了波动,当 Iteration>145 时,TMD 最优解趋于稳定,TVD 全局最优解 $1.088\,7 \times 10^4$ ft。

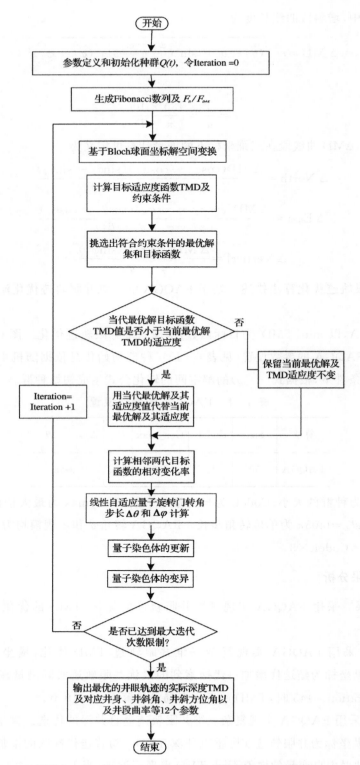

图 6-11 基于 FAQGA 的三维井眼轨迹优化流程图

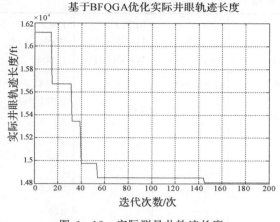

图 6-12　实际测量井轨迹长度　　　　图 6-13　垂直井深长度

(2)算法的复杂度分析。对 TSP 问题,假设进化代数为 t,若种群的规模为 n,种群的自变量个数为 k,m 为粒子数,j 为个体自变量染色体的编码长度,则有以下结果。

1)时间复杂度。PSO 算法时间复杂度 $T(n)=O(n^2+m)$,记作 $O(n^2)$,常规的 QGA,算法时间复杂度 $T(n)=O(e^n)$,记作 $O(c^n)$,而 FAQGA 算法时间复杂度 $T(n)=O(n)$,记作 $O(1)$。GA 算法时间复杂度 $T(n)=O(n^2)$。

2)空间复杂度。PSO 算法的空间复杂度 $S(n)=O(n^2)+O(nm)$,记作 $O(n^2)$;常规的 QGA 的算法空间复杂度 $S(n)=O(nkj)$,记作 $O(n^3)$,FAQGA 算法空间复杂度 $S(n)=O(3nk)$,记作 $O(n^2)$,GA 算法空间复杂度 $S(n)=O(nkj)$,记作 $O(n^3)$。

由表 6-2 可知,与 PSO,QGA 和 GA 算法比较,FAQGA 在不增加算法的空间复杂度的条件下,通过引入 Fibonacci 数列,大大降低了算法的时间复杂度,因而提高算法的运行效率,缩短了运行时间。

表 6-2　比较算法的时间复杂度和空间复杂度

算法	时间复杂度 $T(n)$	空间复杂度 $S(n)$
FAQGA	$O(1)$	$O(n^2)$
PSO	$O(n^2)$	$O(n^2)$
QGA	$O(c^n)$	$O(n^2)$
GA	$O(n^2)$	$O(n^3)$

(3)优化结果的比较。以井身实际测量深度 TMD 为优化目标,以自变量的取值,各井段、套管的长度及目标垂直井深为约束条件,实现 12 维决策向量 $\boldsymbol{X}=(\varphi_1\varphi_2\varphi_3\theta_1\theta_2\theta_3\theta_4\theta_5\theta_6 D_d D_B D_{kop})\in \mathbf{R}^{12}$ 的优选,优化结果见表 6-3。将优化结果与其他智能算法实现 TMD 的优化结果进行比较。由表 6-3 可知,采用 FAQGA 算法完成的 TMD 优化,算法的效率高,运行时间大幅缩短。优化结果更优从而降低钻井成本,提高钻井效率。

表 6-3　　几种算法实现井眼轨迹优化结果比较

Method	FAQGA	NPSO Amin Atashnezhad (2014)	GA Shokir et al. (2004)	hCSO David A. Wood(2016)	hBFO David A. Wood(2016)	PSO Shokir et al. (2004)
TMD/ft	14 807.5	15 023.6	15 496.7	15 023.600 225	15 024.071 239	15 141.54
运行时间(s)	3.507 5	2 251.543 5	526			5.821 944
θ_1	13.74	10.0	13.92	———		10
θ_2	42.6	40.0	40.02	———		40
θ_3	92.47	90.0	90.05	———		90
φ_1	276.02	270.0	280.1	———		270.06
φ_2	277.51	280.0	280.1	———		270
φ_3	272.65	275.953	280.1	———		274.4
φ_4	336.03	331.545	332.4	———		337.75
φ_5	330.83	340.0	332.3	———		330.69
φ_6	355.86	355	332.5	———		357.68
D_d	6 775.44	7 000	6 804.37			7 000
D_b	10 091.58	10,200	10 004.48			10 200
D_{kop}	653.97	1 000	987.975			787.66
HD(ft)	2 500	2 500	2 500			2 500
Iteration	200	200	500	500	250	200

由表 6-3 可知,在复杂井眼轨迹优化中,采用 FAQGA 实现 TMD 优化,其优化结果为 14 807.5 ft;算法的运行时间为 3.507 5 s。与 NPSO(Amin Atashnezhad.),GA (Shokir et al),hCSO(David A. Wood),hBFO(David A. Wood)和 PSO(Shokir et al)算法优化结果相比较[97-100],最优解更优且算法的运行效率大幅提高,运行时间明显缩短。因此,采用 FAQGA 优化 TMD,不仅提高了优化过程实时性、钻井效率和成功率,同时降低了钻井时间并节约了钻井成本。

针对在复杂三维井眼轨迹优化问题中自变量多、约束条件复杂的特点,设计了 FAQGA 算法,首先,在不增加算法的空间复杂度的同时降低算法的时间复杂度,大幅提高了算法的效率,缩短了算法的运行时间。其次,应用 FAQGA 优化实际测量井深 TMD,完成井身、井斜角、井斜方位角以及井段曲率等 12 个参数的优选,实现精确、高效的井眼轨迹优化。用 FAQGA 实现复杂井眼轨迹优化问题求解的实验结果表明,FAQGA 优化的 TMD 结果更优,算法的运行速度更快,耗时更短。将该方法应用于实际钻井过程中井眼轨迹优化,能增加优化过程实时性,提高钻井效率和成功率,降低钻井时间和节约钻井成本。

6.2.2　基于 FAQGA 的井眼轨迹控制转矩优化

1.复杂三维井眼控制转矩优化

(1)待优化目标函数。针对复杂井眼轨迹控制转矩优化问题,以多靶点井眼轨迹为研究对象,以自变量的取值、各井段、套管的长度及目标垂直井深为约束条件,采用 FAQGA 优化复杂井眼实际控制转矩 TCT,完成井身、井斜角、井斜方位角及井段曲率等 12 个参数优选。待优化目标函数 TCT 定义为

$$\text{obj\_function} = \min\{\text{TCT}\} = \min\left\{\sum_{i=1}^{7} T_i\right\}$$

$$\text{s.t.} \quad x_{i\min} \leqslant x_i \leqslant x_{i\max}$$

$$D_s > 0 (s = 1, 2, 3, 4, 5)$$

$$\text{cas}_{j\min} \leqslant \text{cas}_j \leqslant \text{cas}_{j\max}$$

$$\text{TVD}_{\min} \leqslant \text{TVD} \leqslant \text{TVD}_{\max} \tag{6-25}$$

式中,TCT 为待优化目标函数,ft·N;解空间 $\boldsymbol{X}$ 由 12 维决策向量组成,即 $\boldsymbol{X} = [\varphi_1 \varphi_2 \varphi_3 \theta_1 \theta_2 \theta_3 \theta_4 \theta_5 \theta_6 D_d D_B D_{\text{kop}}] \in \mathbf{R}^{12}$;$j$ 为套管设计段数;$\text{TVD}_{\min}$,$\text{TVD}_{\max}$ 分别为井眼轨迹的垂深下限和上限。其中,$\boldsymbol{X}$ 和 T_i 定义见附录。

　　(2)控制转矩优化算法描述。基于 FAQGA 的三维井眼轨迹控制转矩优化流程图如图 6-14 所示。

　　采用 FAQGA,以 $\min\{\text{TCT}\}$ 为目标函数,实现三维井眼轨迹控制转矩优化。图 6-14 中,种群初始化是依据随机生成的 θ 和 φ,自变量约束边界及约束条件见表 6-4。

表 6-4　自变量约束边界及约束条件

变量名	变量的约束边界		程序中变量的序号
	下限	上限	
TVD	10 850 ft	10 900 ft	
HD	2 500 ft	2 500 ft	1
D_{S1}	0	5(°)/100 ft	11
D_{S2}	0	5(°)/100 ft	12
D_{S3}	0	5(°)/100 ft	13
φ_1	10°	20°	2
φ_2	40°	70°	3
φ_3	90°	95°	4
θ_1	270°	280°	5
θ_2	270°	280°	6
θ_3	270°	280°	7
θ_4	330°	340°	8
θ_5	330°	340°	9
θ_6	355°	360°	10
D_{kop}	600 ft	1 000 ft	16
D_d	6 000 ft	7 000 ft	14
D_B	10 000 ft	10 200 ft	15
cas1	1 800 ft	2 200 ft	
cas2	7 200 ft	8 700 ft	
cas3	10 300 ft	11 000 ft	

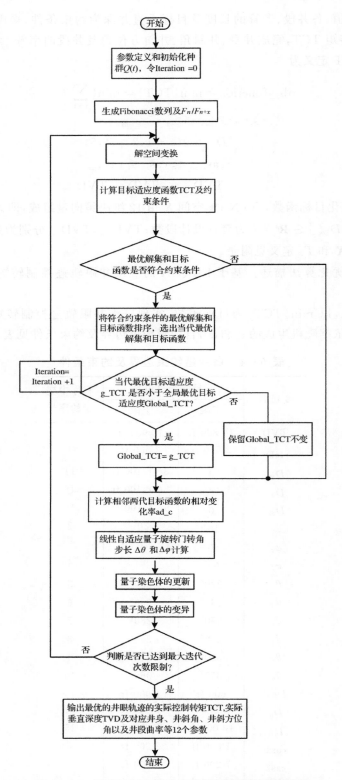

图 6-14 基于 FAQGA 的三维井眼轨迹优化流程图

　　FAQGA 的参数设置主要有：Size 为种群的大小（Size＝50），一般 Size 取值为 50～80；CodeL 为待优化自变量的个数，CodeL＝12；Gen_max 为最大迭代次数，Gen_max＝200；P_m为变异概率，P_m＝0.02；$\Delta\varphi_0＝\Delta\theta_0＝0.05\pi$ 为单位转角步长。FAQGA 转角 θ 和 φ 规模均为 Size * CodeL，解空间规模为 Size * CodeL * 3。

2.仿真结果及分析

　　(1)仿真结果。采用 FAQGA 实现三维井眼轨迹中 TCT 优化的结果如图 6－15 所示。TVD 的优化结果如图 6－16 所示。

　　图 6－15 为复杂三维井眼控制转矩 TCT 优化，横坐标为迭代次数，Iteration＝200，纵坐标为每代搜索到的最优井眼轨迹实际控制转矩。由图 6－15 可以看出，当 Iteration＞77 时，TCT 趋近于全局最优解 8 425 ft·N。

　　图 6－16 中采用 FAQGA 实现复杂三维井眼轨迹实际垂直深度 TVD 优选。横坐标为迭代次数，Iteration＝200，纵坐标为井眼轨迹实际垂直井深 TVD。随着迭代次数增加，搜索到的最优 TCT 减小，TVD 值呈上升，当 Iteration＞77 时，TCT 最优解趋于稳定，TVD 全局最优解 $1.088\ 7\times10^4$ ft。

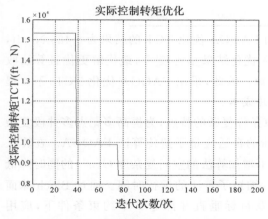

图 6－15　井眼控制转矩 TCT 优化

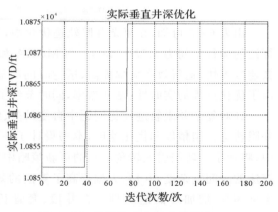

图 6－16　井眼轨迹实际垂直深度 TVD

　　(2)优化结果的比较。以实际控制转矩 TCT 为优化目标，以自变量的取值，各井段、套管的长度及目标垂直井深为约束条件，实现 12 维决策向量 $\boldsymbol{X}＝[\varphi_1\ \varphi_2\ \varphi_3\ \theta_1\ \theta_2\ \theta_3\ \theta_4\ \theta_5\ \theta_6\ D_d\ D_B\ D_{kop}]\in\mathbf{R}^{12}$ 的优选，优化结果见表 6－5。将优化结果与其他智能算法实现 TCT 的优化结果比较。由表 6－5 可知，采用 FAQGA 算法完成的 TCT 优化，算法的效率高，运行时间大幅缩短，优化结果更优。

表 6－5　几种算法实现井眼轨迹优化结果比较

算　　法	FAQGA	MOGA	GA
TCT/(N·ft)	8425	11 769	12 275
TVD/ft	10 870	10 853	10 850
运行时间/s	4.773 248	—	526
φ_1	15.2	10.0	10

续表

算　法	FAQGA	MOGA	GA
φ_2	45.8	40.0	40.0
φ_3	93.5	92.0	90.0
θ_1	270.3	270.0	270.0
θ_2	276.8	280.0	280.1
θ_3	273.0	280	276
θ_4	331.4	331	340.0
θ_5	331.9	331	340.0
θ_6	352.3	357	356.0
D_d	6 757.8	6 998	7 000
D_B	10 566	10 200	10 200
D_{kop}	959.3	1 000	1 000
HD/ft	2 500	2 500	2 500
Iteration	500	2 000	500

由表 6-5 可知,在复杂井眼轨迹优化中,采用 FAQGA 优化 TCT 的结果为 8 425 N·ft,算法的运行时间为 4.773 248 s。与 MOGA 和 GA 优化结果相比较[97],最优解更优且算法收敛速度更快,运行效率大幅提高,运行时间明显缩短。因此,采用 FAQGA 优化 TCT,不仅提高了优化过程的实时性、钻井效率,同时节约了钻井成本。

针对复杂井眼轨迹优化问题中自变量多、约束条件复杂的特点,为提高多靶点多井段复杂井眼轨迹控制精度和优化速度,本书设计了一种新的自适应量子遗传算法 FAQGA。在算法中,将量子旋转门引入转角步长的更新策略中,在不增加算法的空间复杂度 $O(n^2)$ 的同时降低算法的时间复杂度 $O(1)$,大幅提高了算法的效率,缩短了算法的运行时间。通过 Bloch 球面坐标体系,增加解的遍历性。在井段、套管长度及目标垂直井深等 9 个约束条件下,应用 FAQGA 优化控制转矩 TCT,完成井身、井斜角、井斜方位角以及井段曲率等 12 个参数的优选,实现精确、高效的井眼轨迹优化。实验结果表明,FAQGA 优化的 TCT 结果更优,算法的运行速度更快,耗时更短。将该方法应用于实际钻井过程中的井眼轨迹优化,将增加优化过程的实时性,提高钻井效率、节约钻井成本、合理化钻杆的使用及降低钻井时间。

6.3　三维地层模型创建

6.3.1　创建三维地层模型

(1)地层是在很长一段历史时期内,地质沉积而成的堆积物。其特点如下:①地层在三维空间中处于连续分布状态;②相同地层的属性相同,排列方式呈现叠加状;③相邻地层之间为明显的层面或沉积间断所分开,也可能由某些不十分明显的界线所分开。建立的地层可视化流程如图 6-17 所示。

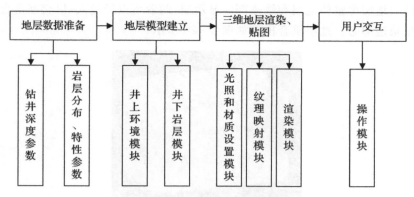

图 6-17　地层可视化流程

通过搜集地层中钻井深度、岩石分布等参数,建立地层上、下端的模型,再通过选取材质、纹理,给三维地层渲染,最后在 Unity 3D 中实现用户与地层交互操作。

(2)所建地层由 10 级层位面构成,每层都有独立的边界曲线,其代表地质层级的交线,决定了地质同一属性堆积物的范围。在此,以陕北某井段实钻井为建模对象,利用其地质参数,构建各层边界点。地层初级模型如图 6-18 所示。

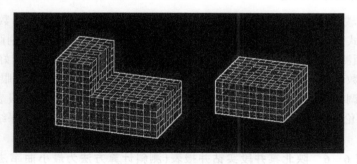

图 6-18　地层初级模型

在三维地质空间中,根据同一时间沉积的地质体具有同一属性的原则,将每个地层块都定义为一个独立的块体。每一个地层块由用户可视的范围而定,包括顶层、底层以及剖面层三部分。不同的材质渲染出来的地质层不一样,地层初级分层模型如图 6-19 所示(层面标识,并未渲染)。

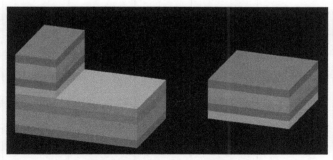

图 6-19　地层初级分层模型

在此设计的地层为整体地层和轨迹剖面显示层,两者可以经过人-机交互重合、分离,便于用户观测井眼轨迹形态。地层重合模型如图6-20所示。

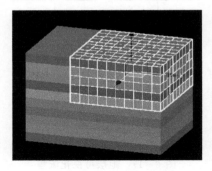

图6-20　地层重合模型

6.3.2　创建三维井眼轨迹模型

以陕北某井段实钻水平井作为建模对象,先根据实际井眼轨迹数据建立数字仿真模型,再结合实际数据与井下设备建立几何三维模型,分别从多角度视图、纹理细节将两者进行对比。

1.创建数字仿真井眼轨迹

近几十年来,数学模型在工程技术、自然科学等领域的应用日益广泛。数学模型是一种模拟,是以符号、公式、程序、图形等对研究对象进行本质属性抽象又简洁的刻画,即能解释某些客观现象,又能预测未来的发展规律,还能提供某种意义下的最优策略或较好策略。

现如今大量数学建模软件,例如Matlab、Open GL、Petrel等应用于井眼轨迹的显示。经过大量实际数据调研考察,在建立虚拟模型之前,根据陕北某井段实钻井报表的真实数据(见表6-6),利用斯伦贝谢公司的Petrel软件,绘制了井眼轨迹曲线,绘制井深结构示意图如图6-21所示。

表6-6　陕北某井段实钻井报表(测斜计算方法为最小曲率法)

测深 m	井斜 (°)	网格方位 (°)	垂深 m	东坐标 m	北坐标 m	闭合距 m	狗腿度 (°)/30 m	视平移 m
0.00	0.00	0.00	0.00	0.00	0.00	0.00	0.00	0.00
37.99	0.31	209.80	37.99	−0.05	−0.09	0.10	0.24	−0.09
81.95	0.35	239.50	81.95	−0.23	−0.26	0.34	0.12	−0.26
126.22	0.31	243.30	126.22	−0.45	−0.38	0.59	0.03	−0.38
173.61	0.31	284.00	173.60	−0.69	−0.41	0.80	0.14	−0.41
221.32	0.66	267.70	221.32	−1.09	−0.39	1.16	0.23	−0.39
⋮	⋮	⋮	⋮	⋮	⋮	⋮	⋮	⋮
4 678.99	89.81	0.90	3 244.03	13.47	1 676.91	1 676.97	1.04	1 676.91
4 688.66	90.21	0.50	3 244.03	13.59	1 686.59	1 686.64	1.75	1 686.59
4 710.00	90.00	0.00	3 243.99	13.69	1 707.93	1 707.98	0.76	1 707.93

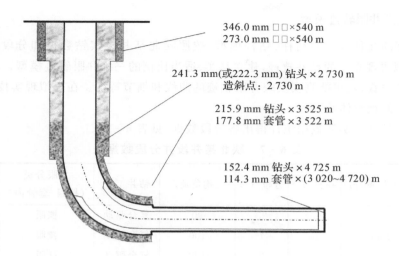

346.0 mm □□×540 m
273.0 mm □□×540 m

241.3 mm(或222.3 mm) 钻头 ×2 730 m
造斜点：2 730 m

215.9 mm 钻头 ×3 525 m
177.8 mm 套管 ×3 522 m

152.4 mm 钻头 ×4 725 m
114.3 mm 套管 ×(3 020~4 720) m

图 6 - 21　井深结构示意图

以陕北某井段为例，整理实钻数据存入 Excel 表格，将数据导入 Petrel 软件后，得到了一条平滑曲线。最终得到陕北某井段数字仿真井眼轨迹的水平投影、垂直剖面及三维坐标轨迹如图 6 - 22 所示。

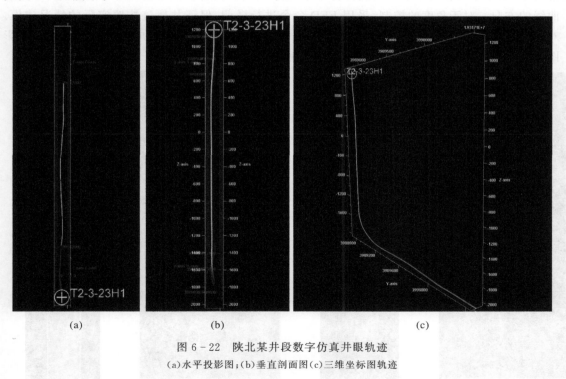

(a)　　　　　　　　　(b)　　　　　　　　　(c)

图 6 - 22　陕北某井段数字仿真井眼轨迹
(a)水平投影图；(b)垂直剖面图(c)三维坐标图轨迹

如图 6 - 22 所示，采用数学建模软件优点是方便、直观、呈现总体趋势简单，缺点是算法只能实现理想状态，不能真实、完整地反映地形地貌和井眼轨迹。

2.创建三维井眼轨迹模型

将搭建好的几种常见的钻柱、钻杆模型,按照陕北某井段实钻数据和分段数据表,采用 3Ds Max 模拟再现真实的钻井轨迹,建立真实、适当比例的三维井眼轨迹模型。对比图 6-22 数字井眼轨迹仿真,其更能真实反映井眼轨迹的曲线和细节特征。在虚拟现实技术下,更能给人一种沉浸式的视觉体验。

根据陕北某井段实钻数据统计得出各分段数据(见表 6-7)。

表 6-7　陕北某井段井分段数据表

井　段	钻头位置/m	井斜/(°)	方位/(°)	大钩负荷/t	钻井工艺	井眼分类 (裸眼/套管内)	工况 (起钻/下钻)
直井段	2 563	0.58	25	90	复合驱动	裸眼	起钻
造斜段	2 852.58	18	7	100	复合驱动	裸眼	起钻
稳斜段	3 256.15	55	0	108	复合驱动	裸眼	起钻
增斜段	3 506	89	0	110	复合驱动	裸眼	起钻
水平段	4 710	90	0	75	复合驱动	裸眼	起钻

井眼轨迹模型的拐点曲线利用 3Ds Max 软件中的 NUBRS 建模命令方法,区别于网格平滑命令,该命令能够利用数学函数自动计算曲线和曲面的精度,使用较少的可控点就可以控制曲线的方向。对于角度的控制,采用 FFD 命令进行微调,保证井轨迹按照实际的情况建模。对于在建模中摆放的位置关系,其底视图、后视图和正交视图分别对应数学仿真的水平投影图、垂直剖面图以及三维坐标图,如图 6-23 所示。

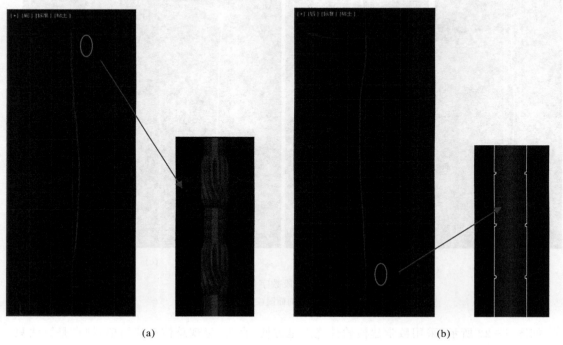

(a)　　　　　　　　　　　　　　(b)

图 6-23　三维井眼轨迹模型

(a)底视图;(b)后视图

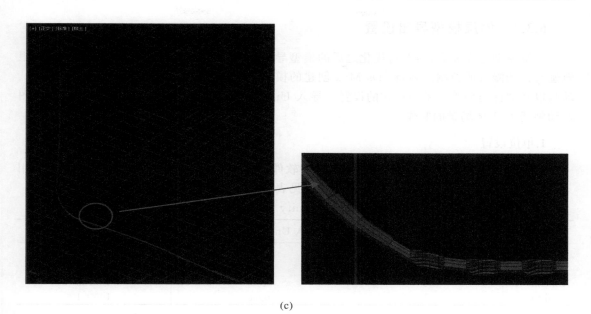

(c)

续图 6 - 23　三维井眼轨迹模型

(c)正交视图

图 6 - 23 是在 3Ds Max 软件中对比真实数据以及 Petrel 仿真结果建立的三维井眼轨迹模型。该模型具有以下特点:①真实再现井眼轨迹路径;②局部放大井眼轨迹,清晰地再现每一段轨迹的实际钻柱图,包括轨迹钻柱、纹理、宽窄度等其他一些模型参数(数字仿真仅显示线状轨迹);③能够进行 VR 可视化显示,使用户以第一角度观察井眼轨迹的细节模型,增强视觉冲击效应。

6.3.3　地层模型优化渲染

地层渲染的清晰度是反映井眼轨迹真实性的基础。在此仍对陕北某井段的实钻井地层、地质进行细致的研究,并结合实际研究条件,将地层按照深度分为 10 层,分别为每一层渲染不同的贴图(方法同钻头渲染)。在近距离观测时,能够使用户产生真实的视觉体验,清晰地感觉到地层的层级、粗糙感。地层优化渲染效果图如图 6 - 24 所示。

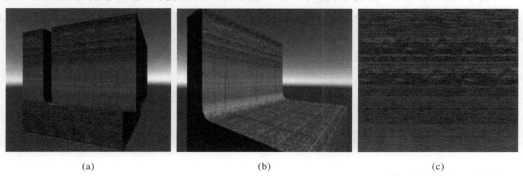

(a)　　　　　　　　　　(b)　　　　　　　　　　(c)

图 6 - 24　优化渲染效果图

(a)整体地层;(b)剖面地层;(c)局部地层纹理放大图

6.3.4 地层模型导出设置

三维模型建立完后,需要将优化之后的模型导入 Unity 3D 软件中,以此来实现三维井眼轨迹及井场漫游的控制。要将 3Ds Max 创建的模型导出.FBX 格式,就需要进行单位、坐标、动画以及文件类型等一系列格式的设置。导入 Unity 3D 引擎后,就可以进行后期渲染、贴图及动画场景、VR 场景的制作。

1.单位设置

Unity 3D 软件具有强大的兼容性,每一种软件导入,其比例尺寸也不一样,总结几种常用三维软件与 Unity 3D 文件转换单位比例关系见表 6-8。

表 6-8 常用三维软件与 Unity 3D 文件转换单位比例关系

三维软件	三维软件内部米制尺寸/m	默认导入 Unity 3D 中的尺寸/m	与 Unity 3D 单位比例关系
3Ds Max	1	0.01	100∶1
Maya	1	100	1∶100
Cinema 4D	1	100	1∶100
Lightwave	1	0.01	100∶1

2.坐标设置

在 3Ds Max 中将要导出的模型选中,选中层次面板,点击"仅影响轴"并进行"居中到对象"的操作。为了保证物体的位置在坐标轴下为正(物体整体正面为视图内正面),选中实用程序面板,点选"重置变化"进行位置变化,恢复为正方面。最后,将选中物体整体摆放到坐标 X,Y,Z 为 $(0,0,0)$ 的位置,并进行微调,这样导入 Unity 3D 的模型的位置就不会出错。

3.具体操作步骤

在 3Ds Max 中导出三维模型分为以下几个步骤:

(1)选中要导出的模型,按住 Ctrl+A→点击文件→导出选定对象,此时会出现"执行"导出选项,将文件命名为字母(Unity 3D 默认识别字母文件),选择.FBX 格式并保存。

(2)弹出 FBX 格式导出对话框后,执行如下操作:包含→几何体→保持默认设置。

(3)点击动画→烘焙动画,并保持开始帧、结束帧,步长为默认设置。

(4)取消"摄影机"以及"灯光"复选框,不需要导出摄像机、灯光场景。

(5)选中"嵌入的媒体"复选框,就可将嵌入的媒体一并导出(例如制作的动画)。

(6)点击高级选项→单位→自动→轴转化,因为 Unity 3D 软件的世界坐标 Y 轴向上,所以将"向上轴"设置为 Y 向上。

以上参数设置完毕后,就可以将三维模型以.FBX 格式文件导出。

6.4 井眼轨迹动态可视化开发

6.4.1 优化井轨迹动态可视化开发

1.优化井轨迹设计架构

(1)优化井轨迹可视化设计需求。优化井轨迹可视化是以优化算法设计的井眼轨迹数据作为输入,根据优化井轨迹造斜点的方位角、井斜角和曲率等数据,通过 C♯ 程序编写输入窗体,利用按键控制钻头在虚拟地层环境中运行,结合 Unity 3D 的 Line Renderer 绘制组件,在钻头运行的同时将整条优化井轨迹绘制在虚拟系统中。

设计思路如下:

1)输入模块设计。首先在系统内为井眼轨迹优化数据设计输入窗体,用户在此模式下根据输入窗体提示,输入相应的优化数据,此处利用 C♯ 中的 OnGUI( )设计提示标签和输入窗口。

2)控制模块设计。要实现在虚拟系统中控制钻头运行轨迹,首先根据直线井轨迹和曲线井轨迹,分别设置键盘按键。按键控制利用函数 Input.GetKey(KeyCode. ∗)来实现。

3)运行模块设计。整理优化算法优化后的数据测点,依次从设计好的井斜角、方位角、曲率和钻井速度窗口输入,控制钻头运行至该测点位置,重新输入下一个测点坐标,直到所有优化的数据测点运行完成。

4)显示模块设计。加入 Unity 3D 绘制组件 Line Renderer,在钻头在虚拟地层环境中运行的同时,将运行过的轨迹绘制在虚拟地层中。

(2)优化井轨迹可视化的设计流程。利用 C♯ 脚本创建输入窗口,为优化井轨迹设计数据输入窗体,利用 Input 函数根据划分直线钻进和曲线钻进控制,加入 Unity 3D 的 Line Renderer 绘制组件,从而控制钻头在虚拟地层中钻进,实现优化井轨迹的动态可视化。优化井轨迹设计流程如图 6 - 25 所示。

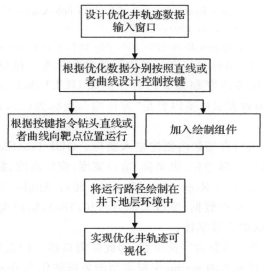

图 6 - 25　优化井轨迹设计流程

2.优化井轨迹动态可视化的设计实现

(1)优化井轨迹参数输入设计。通过"模式选择界面"按钮跳转至"优化井轨迹可视化"场景。在优化井轨迹可视化过程中,将经过智能算法优化的井斜角、方位角和曲率井眼轨迹参数输入到优化数据输入窗口,设定钻头的前进速度,运用 C♯ 脚本程序的接口函数设定相应的按键,控制钻头运行。优化数据输入窗口如图 6 - 26 所示。

图 6-26　优化数据输入窗口

　　用户可以通过提示标签在相应的窗口内输入优化井轨迹的数据。提示标签和输入窗口使用的 GUI 控件接口函数属于 C♯ 中的 OnGUI 系统,只能在 OnGUI( )中实现调用。优化井轨迹输入窗口代码如下:

```
void OnGUI()
{GUI.skin.label.normal.textColor = Color.green;
GUI.skin.label.fontSize = 15;
GUI.Label(new Rect(30, 150, 100, 100), "方位角");
Angle = GUI.TextField(new Rect(120, 150, 50, 20), Angle, 5);  //方位角窗口
GUI.Label(new Rect(30, 200, 100, 100), "井斜角");
holeAngle = GUI.TextField(new Rect(120, 200, 50, 20), holeAngle, 5);  //井斜角窗口
GUI.Label(new Rect(30, 250, 100, 100), "曲率");
curvatureStr = GUI.TextField(new Rect(120, 250, 50, 20), curvatureStr, 5);}  //曲率窗口
```

　　以上程序中,利用 GUI.Label 接口在场景内设置参数标签。接口内五个参数分别表示横坐标、纵坐标、标签宽度、标签高度和标签内容。例如 GUI.Label(new Rect(30, 150, 100, 100), "方位角")该接口函数表示标签内容是"方位角",坐标为(30,150),标签宽度和标签高度为(100,100)。

　　利用 GUI.TextField 接口在场景内创建输入窗口。GUI.TextField 接口的六个参数分别是方位角输入窗口在场景中的横坐标、纵坐标、窗口宽度、窗口高度、数据变量和字体风格。例如 Angle = GUI.TextField(new Rect(120, 150, 50, 20), Angle, 5),Angle 为方位角变量,表示该窗口输入的数据为方位角数据,窗口坐标为(120,150),窗口宽度和高度为(50,20),字体风格为 Unity 3D 中默认的 5 号字体。

　　GUI.TextField 接口中的参数为字符类型,因此从窗口输入的数据也为 string 字符型,需要利用 float.Parse()函数将输入的 string 字符类型的数据转化为 float 浮点类型的数据,再进行井眼轨迹的计算。

　　井斜角、曲率和前进速度的参数标签与输入窗口同理,钻头根据接口函数中的变量,读取到窗口中输入的造斜点参数,通过程序将窗口输入的参数和钻头联系起来,达到控制钻头的目的。

　　(2)优化井轨迹的动态控制。完成优化数据的输入窗口的设计后,用户即可从窗口输入优化数据,钻头根据窗口获取到的不同井段的优化井轨迹参数,同时通过键盘"F"键实现曲线运行控制,通过"G"键实现直线运行控制。在钻头根据优化井数据钻达测点后,再输入下一组参

数,循环多次,直到整个优化井轨迹结束,停止输入。

在钻头的直线运行和曲线运行控制过程中,综合运用四元数旋转角度接口函数"Quaternion.AngleAxis()"、弧度角度转换的计算函数"Mathf.Rad2Deg"、三维坐标点乘接口函数"Vector3.Dot()"和控制坐标变化的"transform.position"函数,实现井眼轨迹算法的编写。

其中,Quaternion.AngleAxis()和 Mathf.Rad2Deg 用来计算方位角和井斜角的变化,控制钻头轴向方位变化;transform.position 和 Vector3.Dot()控制钻头三维坐标变化。如下为优化井轨迹按键控制主要代码:

```
if (Input.GetKey(KeyCode.F))    //曲线键盘 F
    {   float dot = Vector3.Dot(transform.forward, setAngle);
        angleChange = Mathf.Acos(dot) * Mathf.Rad2Deg;
        if (angleChange > angularVelocity * Time.deltaTime)
            transform.forward = Quaternion.AngleAxis(angularVelocity * Time.deltaTime, (Vector3.Cross(transform.forward, setAngle))) * transform.forward;
        else
            transform.forward = setAngle;
    this.transform.Translate(0, 0, speedForward); }
if (Input.GetKey(KeyCode.G))    //直线键盘 G
    {transform.forward = setAngle;
    this.transform.Translate(0, 0, speedForward); }
```

优化井轨迹分为直线井段和曲线井段。如果是直线轨迹,在窗体输入造斜点的方位角、井斜角,曲率设置为"0",通过键盘按键"G",控制钻头以系统中设置的前进速度直线钻进到造斜点位置;如果是曲线轨迹,则需输入井斜角、方位角和曲率,通过按键"F",程序会根据井眼轨迹计算公式和优化井轨迹数据实时计算钻头坐标与角度的变化,并控制钻头从当前位置缓缓钻至造斜点位置。

定向井轨迹由多段组成,因此在输入结束后,在窗口内删除上个造斜点角度参数,输入下一个测点,循环多次,控制钻头将整个井眼轨迹所有测点运行完成,即实现优化井轨迹的可视化。

(3)优化井轨迹动态显示。在设计好井眼轨迹的输入端窗口与按键控制方法后,还需加入绘制模块,从而在钻头运行的同时将运行的井眼轨迹显示在场景中,实现优化井的动态可视化。

1)添加组件:首先在场景中选中钻头,在检视视图中点击"AddComponent"搜索,并添加"Line Renderer"组件,在检视视图设置井眼轨迹的粗细、颜色、阴影等相关参数。

2)添加脚本:在钻头上加入绘制脚本程序,创建路径测点集合链表,将数据分别存入链表中,在 C♯脚本中利用接口函数 line = GetComponent<LineRenderer>()获取组件上设置的参数,在控制钻头运行的同时,在运行过的路径上绘制出优化的井眼轨迹。

3.优化井轨迹三维可视化效果展示

Matlab 仿真优化部分优化数据(见表 6-9)。以已优化的水平井井眼轨迹数据为例,优化定向井可视化效果图如图 6-27 所示。图 6-27 的左上角为优化井轨迹数据输入窗口,根据输入数据显示优化定向井的井轨迹。在图 6-27 中可清晰地看出分段点、造斜点、垂直井段、造斜段和水平段的井轨迹。

表 6 - 9　Matlab 仿真优化部分优化数据

井斜角	方位角	曲率
0	276.02	0.01
⋮	⋮	⋮
13.74	277.51	0.02
⋮	⋮	⋮
42.6	336.03	0.02
⋮	⋮	⋮
92.47	355.86	0.01

　　优化定向井漫游效果图如图 6-28 所示,因为沉浸式可视化系统支持虚拟空间的漫游,通过按键在该场景下沉浸式漫游,可从各个角度近距离观测钻头钻进过程的实时动态,也可远距离宏观地观测整个轨迹走向,可视化效果非常理想。

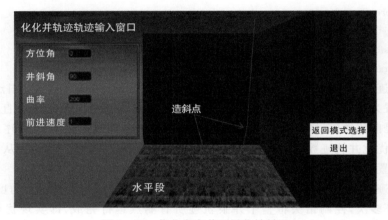

图 6-27　优化定向井可视化效果图

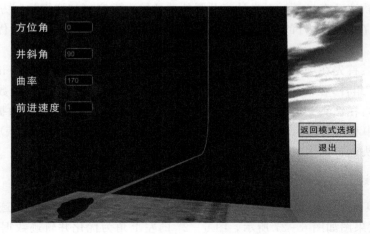

图 6-28　优化定向井漫游效果图

在优化井轨迹动态可视化开发过程中,着重使用 C♯脚本代码的 OnGUI 相关控件,设计了优化井眼轨迹的输入端窗体,利用此窗体用户可以将优化过后的井斜角、方位角、曲率半径和前进速度输入系统中,通过 C♯脚本将数据与钻头联系起来实现对虚拟钻头的控制。在优化井轨迹动态可视化模块中,可以根据优化的井眼轨迹参数,在系统中动态绘制出不同的优化井眼轨迹。

6.4.2　定向井井轨迹动态可视化开发

1.定向井井轨迹动态可视化的设计流程

井眼轨迹可视化分为两个方向,分别是基于钻前设计的井轨迹可视化和实钻井轨迹可视化,优化井轨迹可视化和定向井井轨迹可视化均属于钻前设计范畴。

定向井井轨迹动态可视化设计流程如下:

(1)插件的导入。将 Unity 3D 的第三方插件 Curvy 导入 Unity 3D 的工程内。

(2)虚拟定向井设计。根据定向井设计原则,利用 Curvy 插件在虚拟环境下设计出水平井、分段井和分支井三种类型的定向井。

(3)钻头的运行控制。利用 Unity 3D 与 Curvy 插件相关技术,控制钻头按照设计的定向井轨迹在虚拟环境下运行。

(4)井轨迹优化。利用 Unity 3D 的相关组件优化定向井的可视化效果,将设计好的定向井轨迹做透视化处理,以便在虚拟环境中清楚地观测定向井内部钻头的随钻运行状态。

定向井井轨迹动态可视化的设计流程如图 6－29 所示。

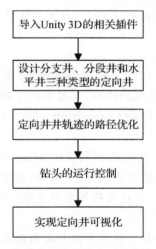

图 6－29　定向井井轨迹动态可视化的设计流程

2.定向井井轨迹动态可视化设计实现

(1)定向井轨迹设计插件。

1)Curvy 插件。Unity 3D 支持许多强大的第三方插件,Curvy 是 Unity 3D 中被用来绘制样条线的插件。Curvy 插件的原理是在 Unity 3D 的三维虚拟空间内创建多个路径点,利用贝塞尔曲线的计算原理,将所有路径点连接成一条平滑的曲线,常用于设计物体的运行轨迹、赛道模拟和路径规划等。

2)Curvy 插件的导入。Curvy 插件可以通过 Unity 3D 的 Asset Store 下载,下载完成后按照其导入流程,将插件导入到工程内即可。导入 Curvy 插件后,Unity 3D 的 Scene 场景会出现五个操作按钮,对应此插件的五个功能,分别是 Options、View、Create、Draw Spline 和 Imoprt/Export。根据此五个功能的灵活运用就可以在系统中创建出需要的虚拟井眼轨迹。Curvy 插件功能按钮图如图 6 – 30 所示。

图 6 – 30 Curvy 插件功能按钮表

图 6 – 31 Curvy 轨迹定位点集

图 6 – 31 中 5 个按钮对应的功能如下:①Options 为选项,包括了设置、帮助等选项;②View 为视图,提供可供选择的视图类型;③Create 为视图添加路径点;④Draw Spline 为场景的路径点设置世界坐标位置;⑤Import/Export 为导入或者导出路径。

(2)定向井轨迹的设计。

定向井井轨迹设计步骤如下:

1)在场景视图中,选中 Curvy 插件中的 Create 按键,按住键盘"Ctrl"键同时用鼠标点击三维虚拟场景任意位置即可完成定位点的创建,重复多次可创建多个定位点,结构视图中会出现 Curvy 轨迹定位点集,每个定位点均是 Curvy Spline 的一个子对象。Curvy 轨迹定位点集如图 6 – 31 所示。

2)在结构视图中选中定位点,在检视视图 Transform 中的 Position 和 Rotation 处,将定位点的坐标、角度设置为定向井中造斜点坐标、井斜角、方位角参数,Curvy 插件会自动将场景中所有的造斜点根据贝塞尔曲线计算在虚拟场景中生成一条平滑的路径。定位点坐标和角度设置如图 6 – 32 所示。

同时将分支井、分段井和水平井三种类型的井眼轨迹设计在同一场景中会比较混乱,严重影响可视化效果。因此通过重复搭建三个虚拟地层场景,并分别根据定向井井轨迹设计步骤,按照造斜点的坐标位置和造斜角度的差异,分别规划设计分支井、分段井和水平井三种类型的定向井井眼轨迹。

(3)定向井钻头的运行控制。

1)钻头的运行。实现分支井、分段井和水平井三种类型的定向井轨迹设计后,需要使钻头按照设计的轨迹运行。在结构视图选中钻头模型,添加 Spline Controller 组件,钻头相关设置如图 6 – 33 所示。在 Spline Controller 组件的 General 面板中选择"世界坐标",并将钻头的

Spline 选择为设计的 Curvy Spline 井眼轨迹对象；在 Move 面板中设置钻头的钻进速度，钻头即可按照设计的井眼轨迹和设置的钻进速度动态运行。

图 6 - 32　定位点坐标和角度设置　　　　图 6 - 33　钻头相关设置

2）钻头的自转。为了更加真实地还原钻进过程，在钻头中添加钻头自转代码，利用 transform.Rotate 库函数，控制钻头在运行的整个过程中，同时以自身 Y 轴为中心旋转，使整个钻进过程更加真实。

以下为钻头自转代码：

```
public int rotationSpeed = 180;
void Update()
    { gameObject.transform.Rotate(Vector3.forward, rotationSpeed * Time.deltaTime); }
```

（4）定向井轨迹的路径优化。实现定向井轨迹设计与运行控制后，需在 Unity 3D 中对定向井轨迹进一步优化处理，从而在系统内沉浸式漫游时，实现可以透过轨迹观测到轨迹内部钻头运行状态的可视化效果。

在结构视图中选中创建的定向井轨迹，鼠标右键添加 Curvy Generator 属性面板，在检视视图中有添加编辑面板按钮（见图 6 - 34），点击即可进入轨迹编辑面板。

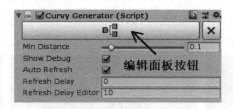

图 6 - 34　添加编辑面板按钮

进入轨迹编辑面板后，默认的轨迹编辑面板为空，在面板内鼠标右键并选择 Add Template→Build Curvy\\CG Templates→Shape Extrusion 即可在编辑面板内添加井眼轨迹编辑窗口，井轨迹编辑面板如图 6 - 35 所示。

在 Input Spline Path 窗口中添加创建的路径对象；在 Input Spline Shape 处选择路径截面，此处设置与井眼轨迹更为相似的 2D/Circle（圆环）为路径形状。此时，井轨迹截面呈一个管状路径，并设置圆环内半径和外半径分别为 3 和 4；在 Generator→Create Mesh→Mesh

Renderer 中添加路径材质。

根据设计需要,钻头会按照设计的路径在轨迹内部运行,井眼轨迹的材质会影响沉浸式观测钻头运行实时状态的可视化效果,所以路径材质也需要做一些优化。选中井眼轨迹的材质球,将材质球的属性改为 Shader→Legacy Shaders→transparent→Diffuse,再选择 Main Color 界面,该界面内有 R,G,B,A 四个选项,根据三原色 R,G,B 选择需要的材质,通过设置透明化选项 A 值比例,实现材质的透明化处理,将 A 值调整至 50%,即可实现透过井眼轨迹实时观测钻头动态运行状态。

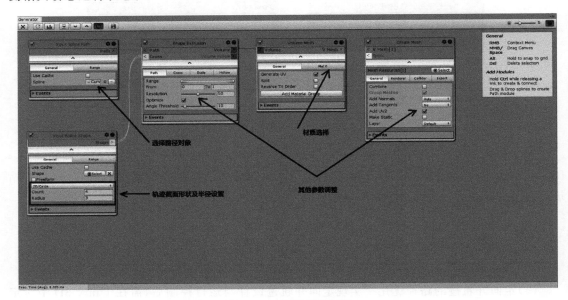

图 6-35 轨迹编辑面板

3.定向井井轨迹动态可视化效果展示

定向井可视化效果图如图 6-36(a)(b)(c)所示,分别为分支井、分段井和水平井三种定向井沉浸式漫游的可视化效果图。根据可视化效果图,可清晰地看出井眼轨迹走向和钻头运行的实时状态,为定向井钻前设计提供了参考。

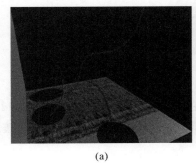
(a)

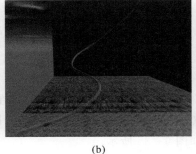
(b)

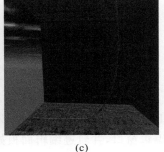
(c)

图 6-36 定向井可视化效果图
(a)分支井;(b)分段井;(c)水平井

通过研究定向井分类与设计原则,着重使用 Unity 3D 的 Curvy 插件来完成井眼轨迹开发,分别设计出了分支井、分段井和水平井三种类型的定向井,利用 Unity 3D 组件和 Curvy 插件控制虚拟钻头沿着设计的定向井轨迹运行,并通过对井眼轨迹材质的透明化优化处理,观看钻头在井眼轨迹中的实时运行状态。最后在沉浸式漫游系统中分别对分支井、分段井和水平井三种井眼轨迹进行测试,定向井轨迹和钻头动态运行可视化效果非常理想。

6.4.3　实钻井轨迹动态可视化开发

1.实钻井轨迹数据输入

Unity 3D 中提供读取 Excel 表格数据的接口函数与库文件,可以利用 C♯ 程序在虚拟环境下连续不断地读取表格中的数据。用 Unity 3D 读取 Excel 表格数据需要下载相应的库文件,在图 5-1 所示的 Unity 3D 自带的 Asset Store 商店中查询并下载"ExcelTable"库文件。根据安装流程导入工程内,在工程视图的 Asset 目录中会出现 Plugins 的文件夹,文件夹中有 EPPlus、Excel 和 ICSharpCode.SharpZipLib.dll 三个库文件,利用上述三个库文件 Unity 3D 工程即可实现 C♯ 脚本对 Excel 数据的读取。

实钻井轨迹数据都是一些离散的不规律的数据,所以在存储之前需要做适当的处理。主要是将实际随钻采集的测点数据依次存储在 Excel 表格中,Excel 表格每一行存储一个测点的数据,每个测点分别有方位角、井斜角、井深、东坐标、北坐标五个数据。

处理完数据后,利用 C♯ 脚本程序调用 ExcelTable 组件,在相关接口函数中写入 Excel 表格在电脑中存放的路径,利用 ExcelTable 组件读取 Excel 表格中的数据,同时将数据与钻头联系起来,从而实现实钻井轨迹数据的提取。其中添加组件和接口的相关函数如下:

(1)新建 ExcelTable 组件:

List<ExcelTable.TableData> data = new List<ExcelTable.TableData>();

AddComponent<ExcelTable>(). 　　　　　　　　　//调用 ExcelTable 组件

(2)Excel 文件的接口函数:

LoadInfo("Assets/streamingassets/Data.xlsx"); 　　//根据目录选取数据文件

DataGameObject.Find("pdc_Q"). 　　　　　　//找到对象钻头

2.实钻井轨迹可视化

此处以陕北某井实钻定向井部分数据(见表 6-2)为例。

(1)添加脚本控制程序。实现地下漫游的控制脚本同井场漫游系统的控制脚本。要实现井眼轨迹交互操作,就必须添加相应的交互控制脚本。在图 6-37 中,通过点击"启动"按钮来控制井眼轨迹的钻进效果,点击"停止"按钮来暂停钻进的效果。键盘按"M"键初始点击同"启动"操作,再次点击同"停止"操作。具体控制脚本如下:

```
int qiting = 0;
    public float _RotationSpeed=5f;//定义速度
void Update (){
    if (Input.GetKeyDown (KeyCode.M))//定义 M 控制轨迹钻进
    {qiting = qiting + 1;}
if (qiting%2==1) {
    transform.Rotate (Vector3.down * _RotationSpeed, Space.World);}}
```

（2）交互效果展示。在进入井眼轨迹交互系统的界面后，用户能够在地下深处，以第一视角近距离观测地层分布，清晰明了地看到现实中不能观测到的地层，也能够清晰地看到钻井轨迹，实现地下漫游效果。钻头附加旋转控制效果，无需唤醒，场景开始时自动激活。同时，通过界面对钻井工程实现钻进控制，点击"启动"按钮，实现钻头自钻，并沿井眼轨迹实现钻井的效果；通过点击"停止"按钮，结束钻进效果。用户能够真实地感觉到钻井工程的神奇魅力，能够更加清晰地直面井眼轨迹，为后期专家设计、决策打下基础。实钻井轨迹启动交互效果图如图6-37所示。而钻进形态结束后会清晰地显示一条井眼轨迹，实钻井轨迹完成交互效果图如图6-38所示。

图 6-37　实钻井轨迹启动交互效果图

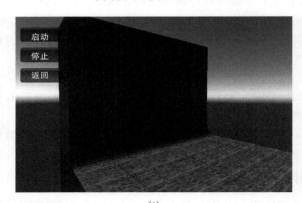

(a)

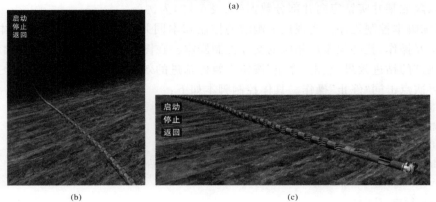

(b)　　　　　　　　　(c)

图 6-38　实钻井轨迹完成交互效果图

3.对比实钻井轨迹和优化井轨迹的可视化

以陕北某井的实钻井轨迹数据为依据,将设计的定向井井轨迹中的水平井与实钻井井轨迹在同一场景中显示、对比。可视化效果对比图如图 6-39 所示。定向井井轨迹动态可视化是基于钻前设计的井眼轨迹设计,为实钻井眼轨迹更加精准的控制做出指导。

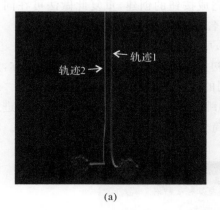 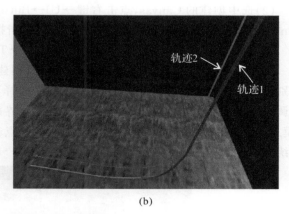

(a)　　　　　　　　　　　　　　　　　(b)

图 6-39　可视化效果对比图

(a)主视图;(b)漫游视图

在图 6-39 中,轨迹 1 为实钻井轨迹,轨迹 2 为根据定向井轨迹设计的水平井轨迹。通过对比可视化效果可以清晰地看出,钻前设计的定向井轨迹较为理想,而实钻过程中井眼轨迹会受到地层结构不稳定等未知因素的影响,导致钻进过程会与提前设计的井眼轨迹相比存在一定程度的偏差。

在实钻井眼轨迹可视化开发过程中,首先将整理后的井眼轨迹实钻数据依次存储在Excel 表格中,利用 Unity 3D 相关组件和 C♯脚本中的接口函数,将实钻数据与虚拟环境中的钻头运行联系起来;其次在井眼轨迹动态显示时调用 Excel 中数据,控制钻头根据数据在地层环境中运行并绘制出整个轨迹。最后以陕北某井的井眼轨迹为例,分别测试了实钻井与定向井设计的水平井轨迹可视化效果,这为随后的钻井决策与定向井轨迹的设计提供了重要的研究依据。

6.5　井眼轨迹交互界面的创建与实现

在利用 3Ds Max 和 Unity 3D 完成模型的创建、虚拟钻井平台环境的搭建和井眼轨迹的可视化开发后,为了用户更加方便地体验本可视化系统,本节内容分别从系统界面设计原则、GUI 界面设计流程、界面场景的展示以及界面场景按钮跳转设计出发,实现可视化系统的交互式开发。凭借 Unity 3D 可多平台发布的优势,生成 PC 版交互式沉浸式定向井井轨迹动态可视化系统。

6.5.1　井眼轨迹交互界面创建及展示

1.井眼轨迹交互界面创建

系统交互界面采用 Unity 3D 自带的 GUI 系统设计交互技术来实现,具体设计步骤如下:

(1)在结构视图中点击右键→UI→Canvas,即可创建 Canvas 结构。

(2)选中创建的 Canvas,点击右键→UI→Button,完成按钮的创建,重复此做法可在同一 Canvas 下创建多个按钮,并在按钮的 Text 中编辑按钮名称。

(3)创建好按钮后,选中按钮点击右键→UI→Text,可添加文字和定义在 Font 参数。

按照上述方法,即可完成 GUI 交互界面的创建。初始界面正中间显示本系统的名称,并分别设计"进入""退出"以及"简介"三个按钮,选择不同的按钮则跳转至不同的场景界面。通过调用相关函数,点击按键来实现系统内场景与界面的跳转操作。点击"进入"按钮,即可进入"模式选择界面";点击"退出"按钮,则退出软件;点击"简介"按钮,则进入"系统简介界面"。本系统初始界面如图 6-40 所示。

图 6-40　初始界面

2.界面展示

在进入系统的初始页面后,点击初始界面的"简介"按钮后进入系统的下一级子界面"系统简介界面"(见图 6-41)。此处主要对沉浸式定向井井轨迹动态可视化系统做简要介绍。此界面内有"操作介绍"和"返回上一层"两个按钮,点击"操作介绍"可进入"操作简介界面",点击"返回上一层"即可返回"初始界面"。

图 6-41　系统简介界面

　　进入"操作简介界面"后,界面主要包括进入不同系统后沉浸式漫游的键盘、鼠标提示与按键控制介绍。"操作简介界面"如图 6-42 所示。本操作界面也有"开启井场漫游"和"返回上一层"两个控制按钮。点击"开启井场漫游"按钮,会从该界面跳转到"模式选择界面","返回上一层"与"系统简介界面"中"返回上一层"功能类似,返回到"系统简介界面"。

图 6-42　操作简介界面

　　模式选择界面如图 6-43 所示。从初始界面的"进入"按钮和"操作简介界面"中的"开启井场漫游"按钮均可跳转到"模式选择界面"。界面正中有该界面名称,分别有"优化井轨迹可视化""定向井轨迹可视化""实钻井轨迹可视化"和"返回主页"四个选项以供用户选择,其中三种可视化方式分别对应三种可视化模式,点击不同的系统则进入不同操作场景。点击"返回主页"按钮,则可返回"初始界面"。

图 6-43　模式选择界面

　　在图 6-43 界面中,"定向井轨迹可视化"开发设计了三种类型的定向井井眼轨迹,分别是分支井、分段井和水平井。从"模式选择界面"进入"定向井轨迹可视化"按钮后,进入"定向井可视化选择界面"(见图 6-44),该界面有"分支井可视化""分段井可视化"和"水平井可视化"三个场景切换按钮,点击后分别对应进入三种可视化操作场景。同时也有"返回模式选择"按钮,点击后可返回至"模式选择界面",即图 6 - 43 的界面。

图 6 - 44 定向井可视化选择界面

选择不同的模式,就可以通过 GUI 界面跳转到不同的场景,每个场景中有两个按钮,即"返回模式选择"和"退出"。点击"返回模式选择"按钮即可返回图 6 - 43 的"模式选择界面",点击"退出"即可退出系统。

三种模式下的井轨迹可视化场景如图 6 - 45 所示。图 6 - 45(a)～(c)所示分别是定向井轨迹模式下分支井、分段井和水平井的可视化漫游场景,图 6 - 45(d)(e)分别是优化井轨迹可视化和实钻井轨迹可视化模式漫游场景。三种模式五个可视化场景均可用键盘和鼠标实现沉浸式漫游操作。

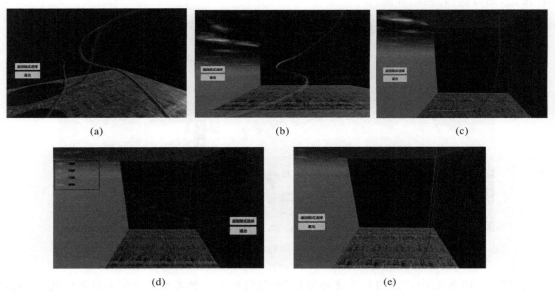

图 6 - 45 三种模式下的井轨迹可视化场景

(a)分支井;(b)分段井;(c)水平井;(d)优化井轨迹可视化;(e)实钻井轨迹可视化

6.5.2　场景及界面间跳转设计

在井轨迹可视化系统中,不同的可视化方式有不同的场景,加上系统设计的 GUI 界面,所有场景与界面间的层级关系较为复杂。按钮跳转场景与界面结构图如图 6-46 所示,由图可以看出各个场景之间的跳转关系。

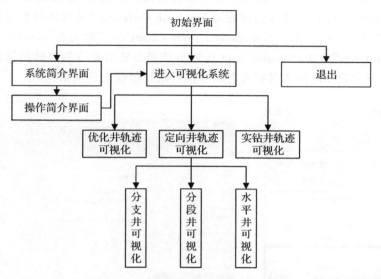

图 6-46　按钮跳转场景与界面结构图

系统从"初始界面"到"系统简介界面"再到"模式选择界面",最后分别跳转到优化井轨迹可视化场景、三个定向井轨迹可视化场景和实钻井轨迹可视化场景。所有界面与场景相互跳转、返回与退出等逻辑按钮,均利用 C♯ 脚本程序实现。

1.按钮跳转的脚本设计

将按钮在界面与场景中按照设计步骤创建完成后,还需要编写相应的 C♯ 程序来实现跳转。需要注意的是此处跳转 C♯ 程序的编写,除了引用常用的 using System. Collections 和 using System. Collections. Generic 空间名外,还需要引用场景跳转专用的空间名 using Unity-Engine. SceneManagement。按钮跳转使用的两个接口函数如下:

（1）SceneManager. LoadScene(" ")；

（2）Application. Quit()。

第一个接口函数参数内填写需要跳转的场景名称或者场景序号,并封装成可调用的方法,例如跳转优化井轨迹可视化场景。在引号内填写场景名称或者场景序号,在按钮设置处调用 Way()方法即可。主要脚本代码如下:

```
public void Way()
    { SceneManager.LoadScene("优化井轨迹可视化");}　//跳转至优化井轨迹可视化场景
```

第二接口函数使用方法与第一个接口函数同理,在需要退出系统的按钮处,调用封装好的 ExitButtonClick()方法即可实现系统的退出。灵活使用这两个函数接口,并完成所有按钮的跳转代码的编写。退出系统的脚本代码如下:

```
public void ExitButtonClick()
    { Application.Quit();}      //退出系统
```

2.按钮跳转的脚本调用

编写完代码后,接着是调用脚本代码。对每个场景都要提前在三维界面中设计好相应的按钮。在结构视图中选中按钮,在检视视图中设置按钮的颜色、高亮色和按压色。

在 Button 按钮中将 On Click()设置为 Runtime Only,同时选择跳转相应场景的方法名,按钮设置界面如图 6-47 所示。"tiaozhuan1.LoginCongClick"即为在 tianzhuan1 程序文件中调用"LoginCongClick"方法,"LoginCongClick"方法里封装的是按钮跳转的接口函数,在点击按钮时,根据接口函数中的场景名称或者编号就可跳转至相应的场景。

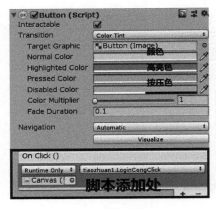

图 6-47 按钮设置界面

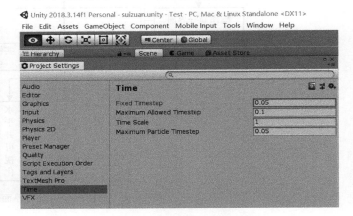

图 6-48 动画帧数设置界面

6.5.3 井轨迹的动态显示帧数设置

实钻井眼轨迹的数据都是从钻井现场采集的真实数据,虚拟环境下在动态显示过程中需要控制显示的帧数,否则在钻头运行时会由于数据量过大会出现卡顿的现象,而数据量过小又会导致钻头运行时间太短,影响可视化效果。为了保证可视化的流畅性和视觉舒适度需求,需要进一步设置动画帧数。

Unity 3D 中动画效果默认帧数为 50,即控制钻头以每秒 50 帧的速率变化。每帧实现一个测点的运行与绘制,Excel 表格中储存有 300 个井眼轨迹测点,每秒绘制 50 个测点,那么运行整个过程就只需要 6 s 的时间,不利于实钻井轨迹的精确监控。

考虑到人的肉眼视觉区分度在二三十帧,为了保证可视化效果的流畅性又不会使实钻井轨迹可视化过程太短,此处将 Unity 3D 中动画的帧数改为 20,通过修改每帧的刷新时间进行调整。修改路径为 Edit→Project→Time,Fixed Timestep 为每帧的播放时间,将 Fixed Timestep 参数调整为 0.05s,即可将动画显示帧数改为每秒 20 帧。动画帧数设置界面如图 6-48 所示。

如果想要更高的可视化效果,将 Fixed Timestep 值做适当修改即可,若将该值设置为 0.01,动画将以 100 帧的效果运行。但如果帧数值设置过高,不仅对电脑显卡、CPU 等可视化硬件设备来说负荷太高,漫游过程会出现卡顿现象,而且需要大量的数据支持。所以只需要设定合适值即可。

6.6　基于 VR 交互设计的实现

6.6.1　VR 硬件设备及场景搭建

1.VR 硬件设备

为了实现用户身临其境的感觉,增强交互体验的效果,本系统 VR 硬件设备采用 HTC 公司制造的 HTC VIVE 虚拟设备套装,来实现基于 VR 的可视化显示。其包括 HMD 头戴显示器、两个定位基站、两个手柄控制器和串流盒等零部件,此外,还为其配置了 Leap motion 手势识别器,能够更好地为用户提供交互效果。VR 硬件设备如图 6-49 所示。

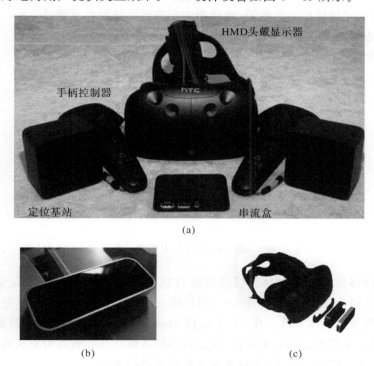

图 6-49　VR 硬件设备
(a)HTC VIVE 设备;(b)Leap motion 手势识别器;(c)组装效果图

(1)基站。定位基站是实现 VR 设备运转的关键,其用于检测操作者的位置,定位头盔和手柄。同时,其将获取的数据传输给 VR 设备及 PC 终端,依靠激光传感器等其他传感器来追踪物体,以每秒 60 转的速度旋转,实现 360°移动跟踪,从而为模拟真实环境的 3D 效果奠定基础。

(2)HMD 头戴显示器。HMD 是实现人-机交互的关键,用户通过其与虚拟场景进行视觉连接。其工作原理是光学系统将二维显示的图像放大,利用陀螺仪、加速度计等传感器精准实现头部旋转定位,同步虚拟场景及第一视角画面。

（3）手柄控制器。手柄控制器是用户与虚拟环境交互的控制工具，根据设定可实现漫游、控制、跳转界面等一系列操作。其为用户进入沉浸式 VR 世界提供了交互保障。

（4）Leap motion 手势识别器。安装该手势识别器后可在 VR 内显示虚拟手柄及虚拟手掌的位置，增强视觉效果，使用户能够更好地进行交互体验。

2.搭建硬件场景

在搭建硬件场景时，除了 HTC VIVE 设备之外，还需配置可供虚拟环境实现的个人计算机、投影仪等相关设备。实验场景的搭建如下：

（1）安装定位基站。

1）定位器基站应安装在对角，2 m 以上的高度最好。固定于不易被碰撞、遮挡或移动的位置；

2）每个定位器基站的视角为 120°，向下倾斜 30°～45°之间最为合适；

3）为获得最佳定位追踪定位效果，确保两个定位器基站距离不超过 5 m；

4）通电后，连接定位器并设置频道。

HTC VIVE 安装示意图如图 6－50 所示。

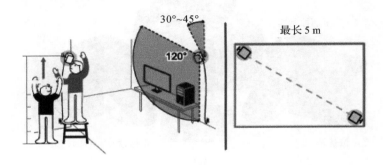

图 6－50　HTC VIVE 安装示意图

（2）规划选择体验区 。规划体验区即设定 HTC VIVE 的虚拟边界，满足定位器可追踪的范围，一般体验区最小设定为 2 m×1.5 m，用户将在体验区内进入虚拟世界完成交互体验。

（3）软件设置及进入体验区。在 PC 上运行 Steam VR 安装程序后，按照系统提示完成显示头盔、操作手柄、虚拟地面的水平定位，并设置体验区域大小。最后带上头戴显示器，运行三维虚拟可视化井眼轨迹交互系统，即可进入虚拟世界进行体验。

（4）虚拟现实系统实现效果图。虚拟现实交互系统的实现由软件与硬件设备共同组成，完成后的显示，除了体验者在头戴显示器里可以看到虚拟世界外，其他用户还可在 PC 端、投影仪上同步观测体验者看到的虚拟画面，进一步加强人-机交互效果。三维虚拟可视化井眼轨迹交互系统架构如图 6－51 所示。

如图 6－51 所示，本系统提供三种交互访问方式：①单机版的 PC 系统，用户运行生成的 .exe 文件即可在 PC 上完成虚拟实验；②用户在虚拟套装设备中，通过 Steam VR 运行生成的 .exe 文件，便可通过手持操作器或 leap motion 手持操作去完成虚拟试验，通过虚拟头显沉浸式观看"真实"实验过程；③通过网络访问油气钻机远程优化控制虚拟仿真实验平台。

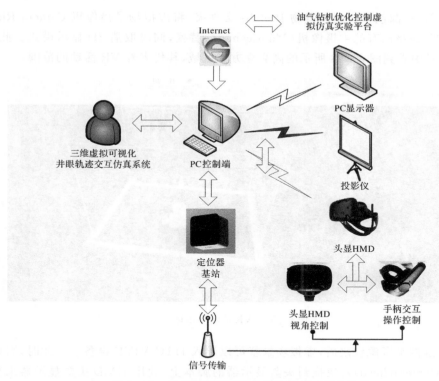

图 6-51　三维虚拟可视化井眼轨迹交互系统架构

3.VR 设备的场景导入

要实现基于 VR 的可视化显示,必须将三维模型以及虚拟场景导入虚拟设备。由于已创建主摄像机、控制按键,以及显示模式与虚拟设备不尽相同,不能在 HTC VIVE 设备里显示相同的场景,也不能实现相同的控制功能。此时,就需要安装相关的资源包以及插件,来实现虚拟场景跟硬件设备的连接。

首先,在 Unity 3D 的 Assert Store 商店里搜索到"Steam VR Plugin"这个资源包,点击下载并安装。安装完成后会弹出一个对话框对话窗口,点击 All→ Import→ Accept All 按钮,将其全部导入所建立工程的 Project 视图里。VR 资源包导入场景如图 6-52 所示。

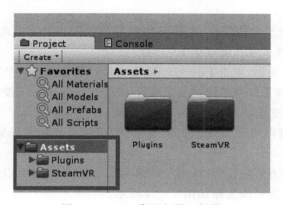

图 6-52　VR 资源包导入场景

然后,在 VR 资源包里找到预置物 Prefabs 文件夹,将虚拟场景摄像机 Camera Rig 拖入 Hierarchy 视图,并将已有的主摄像机(Main camera)替换,同时取消 2D 显示模式。此时,可以在 Scene 场景中看到图 6-53 所示的高亮立方体区域,其代表着 VR 活动的范围。

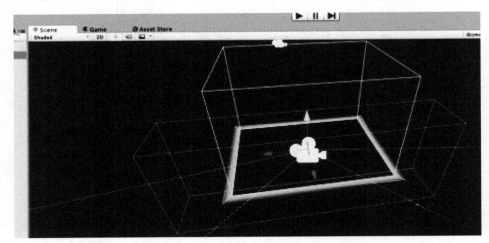

图 6-53　VR 活动显示区

在安装完这两个资源包之后,虚拟场景就可以导入 HTC VIVE 设备了。此时,需要添加控制效果,将 Camera(head)对象拖到头盔显示器的脚本上,利用 HMD 头戴显示器来替代二维场景里按键的控制功能,实现第一视角上、下、左、右、前、后,360°无死角的视觉控制。接下来要实现手柄的控制,在程序中编辑手柄 trigger 为前行,并将相对应的脚本程序拖置到手柄对象,即可完成手柄控制的替换。

6.6.2　单机版虚拟可视化交互系统的发布

1.虚拟可视化交互系统的生成

在所有模型完成导入、渲染,所有场景、动画完成添加与设计,所有碰撞、控制程序完成调试,所有界面完成设计后,就可以生成三维虚拟可视化井眼轨迹交互系统。对其进行发布,让其可以在任何发布平台进行使用,能够让更多用户感受 VR 井眼轨迹的视觉震撼,让专家、学者更好地研究井眼轨迹。

Unity 3D 支持多个平台的操作,无需其他软件进行二次开发。此处仅以 Windows 平台为例,介绍如何发布软件。发布流程如下:

(1)打开 Unity 3D 面板,点击 File→Build Settings,就会弹回一个对话框;

(2)在对话框中添加系统所需的场景文件,点击 Add Current 按钮即可;

(3)在 Platform 栏里选择要发布的平台;

(4)点击 Build 按键即可完成系统的创建,三维虚拟可视化井眼轨迹交互系统就发布成功了。

用户点击软件快捷方式按钮,选择自身电脑匹配的分辨率,就可以进入软件体验了。三维虚拟可视化井眼轨迹交互系统发布如图 6-54 所示。

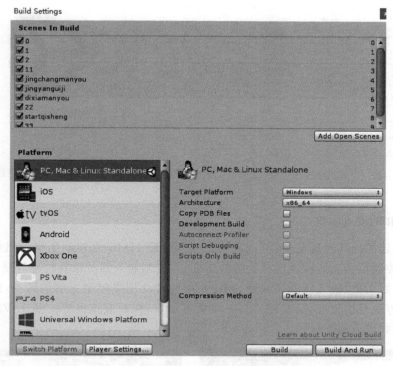

图 6 – 54　三维虚拟可视化井眼轨迹交互系统发布

打包后沉浸式三维井眼轨迹可视化系统发布如图 6 – 55 所示。Build 打包后会生成以下文件：Test_Date 文件夹中存放实钻井的 Excel 数据表格，其中.exe 格式的文件为最终可视化系统的可执行文件。用户点击打包后的.exe 可执行文件，并根据电脑配置，选择自身所需要或者合适的分辨率，就可以进入系统运行。

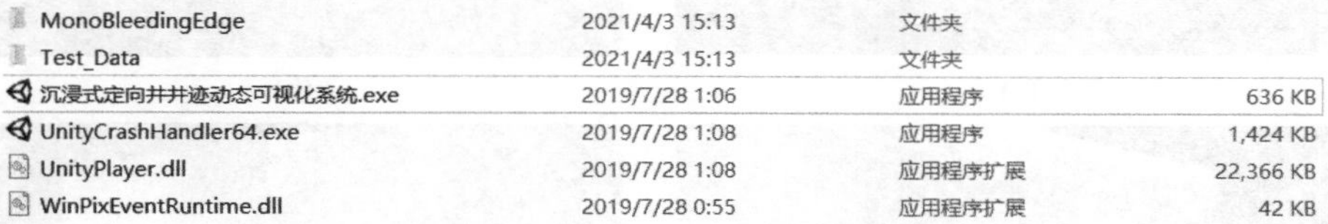

MonoBleedingEdge	2021/4/3 15:13	文件夹	
Test_Data	2021/4/3 15:13	文件夹	
沉浸式定向井井迹动态可视化系统.exe	2019/7/28 1:06	应用程序	636 KB
UnityCrashHandler64.exe	2019/7/28 1:08	应用程序	1,424 KB
UnityPlayer.dll	2019/7/28 1:08	应用程序扩展	22,366 KB
WinPixEventRuntime.dll	2019/7/28 0:55	应用程序扩展	42 KB

图 6 – 55　打包后沉浸式三维井眼轨迹可视化系统文件

此处需要注意，在发布结束后，由于 Unity 3D 中使用的 Excel.dll 文件是老版本的 Excel-DataReader（读取 Excel 表格的文件）文件，2007 版后的 Unity 3D 在打包后 ExcelDataReader 文件读取不到 Excel 表格数据，从而导致发布的系统中实钻井轨迹无法正常可视化显示。此处需要将 Unity\\Editor\\Data\\Mono\\lib\\mono\\unity 目录下的一系列 I18N 相关 dll 文件粘贴到打包好的文件夹中，实钻井轨迹就可以正常运行。I18N 相关 dll 文件如图 6 – 56 所示，图中方框内所标识的文件为读取 Excel 所需要的文件。生成的三维虚拟可视化井眼轨迹交互系统如图 6 – 57 所示。

图 6 - 56　I18N 相关 dll 文件　　　　图 6 - 57　三维虚拟可视化井眼轨迹交互系统

2.基于 VR 的交互实现

在实现上述的导入过程后,就可以利用头戴显示器 HMD 来控制主摄像机旋转来改变视角方向,利用控制手柄来实现在虚拟世界的运动,并控制起下钻及钻井轨迹等操作。

用户佩戴好头盔,进入体验区域后,利用头部的转动用来控制方向的转动,随着头部的旋转,界面的内容也发生了变化,实现了第一视觉来观察、控制虚拟世界。基于 VR 实现的可视化效果操作图如图 6 - 58 所示。

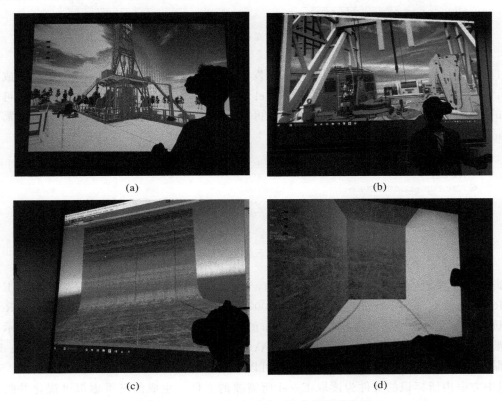

图 6 - 58　基于 VR 实现的可视化效果操作图

(a)井场漫游;(b)起下钻操作;(c)实钻井眼轨迹交互;(d)优化井眼轨迹交互

　　以上实现了基于 VR 硬件设备的虚拟现实可视化开发,可以给用户提供一个沉浸式的虚拟钻井工程的环境。同时,用户利用控制手柄、HMD 头戴显示器对井场漫游、起下钻控制、井眼轨迹实现控制效果。用户能够以第一视角在虚拟场景中清楚地观察到场景中的虚拟三维设备模型,真实再现 1:1 场景效果。至此,本章实现了基于 VR 三维井眼轨迹可视化的效果,实现了虚拟可视化软件的运行,也达到了预期的目的。

6.6.3　网络版可视化虚拟仿真实验的发布

　　WebGL 版本虚拟仿真实验测试主要包括实验页面展示、实验加载显示以及实验交互操作能否正常使用。WebGL 版本的虚拟仿真实验功能测试结果见表 6 – 10。

表 6 – 10　WebGL 版本的虚拟仿真实验功能测试结果

编　号	测试功能	操　作	用例数	结　果
01	各实验页面显示和跳转	点击进入虚拟仿真实验按钮,进入实验选择	10	各页面展示正常,页面跳转正常
02	实验加载显示	点击进入各项实验项目	10	各项实验加载正常
03	实验交互操作	按照实验流程进行键鼠操作	10	实验操作成功

　　将利用 Unity 3D 设计开发虚拟仿真实验打包导出的 WebGL 版部署到仿真实验平台中,测试结果表明能够正常使用,在实验操作过程中都能达到预期效果,满足设计需求。WebGL 版本虚拟仿真实验加载过程页面如图 6 – 59 所示。定向井井轨迹虚拟可视化系统实验页面如图 6 – 60 所示。井场环境漫游系统实验页面如图 6 – 61 所示。

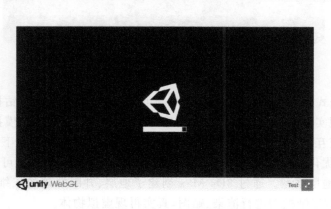

图 6 – 59　WebGL 版本虚拟仿真实验加载过程页面

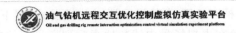

图 6-60　定向井井轨虚拟可视化系统实验页面

图 6-61　井场环境漫游系统实验页面

凭借 VR 沉浸式显示技术，创建的虚拟井场可实现井场漫游、起下钻控制等交互操作；创建的地层更具有现实地质的纹理、层次感；创建的三维井轨迹不仅可以模拟钻进过程，还能够实现地下漫游等交互操作。在井眼轨迹可视化研究中，主要研究内容如下：

（1）设计智能优化算法，完成井眼轨迹参数的优选，为优化井轨迹的可视化提供数据。

（2）创建三维地层模型。通过 3Ds Max 创建了地层、井眼轨迹的三维模型，并进行优化；利用 SP，PS 软件对三维模型进行渲染、贴图，真实再现虚拟物体。

（3）研究、开发了定向井井眼轨迹可视化、实钻井井眼轨迹可视化，完成了交互跳转界面的开发。

（4）完成虚拟仿真实验的沉浸式虚拟可视化交互系统单机版和网络版的发布。

借助 VR 设备，三维虚拟可视化井眼轨迹交互系统能够再现虚拟钻井工程，给用户提供了一个沉浸式显示环境，增强了人-机交互效果，实现了用户认识、观察、分析和决策等目的，为井眼轨迹优化、控制和预测提供了重要依据。

第 7 章　虚拟仿真实验平台测试

当前,虚拟实验教学已成为一种新型的教学模式广泛地融入高校学生的日常学习当中。作为教学平台,不仅需要有完善的实验过程和数据记录,同时需要监控用户的学习质量,为平台的改进和升级提供依据。

7.1　教学质量评估系统

油气钻机远程优化控制虚拟仿真平台作为虚拟实验教学平台,其设计应包含教→学→练→考→反馈的闭环学习模式。而教学质量管控是实现教学闭环反馈的关键环节。教学质量管控包含用户管理、在线考试、评估分析、系统管理、在线反馈和组卷等功能,以满足用户的教学质量管控的需求。

7.1.1　评估系统总体设计

1.评估系统设计目标

平台教学质量管控智能评估系统的设计目标主要体现在功能上符合实际需求和操作上符合用户习惯。具体包括如下几部分:

(1)操作简单明了。在前期设计规划阶段对系统进行了大量的文献调研和实际项目考察,并对平台教学质量管控智能评估系统的具体业务流程进行了分析。考虑到不同用户对于计算机操作的掌握情况不同,系统设计操作应尽量简单明了。系统全部采用中文显示,并对系统配置详细的操作文档,各个点击项都在醒目的位置摆放,以免用户在使用途中发生不知怎么使用系统的情况,为用户提供了方便快捷的使用体验。

(2)安全性高。系统在数据保护方面做了相应的措施,对不同类型的用户设置不同的操作权限,需注册登录后才可以使用本系统。对于敏感和高等级数据,只有最高权限的管理员才可以进行查看和修改,从而保证了数据在系统运行时的安全性。

(3)功能完善和有效。应尽可能地减少冗余功能,以保证系统功能的有效性。通过系统的需求分析开发具体的功能模块。开发时设置功能等级,对高等级的功能模块进行重点开发,例如评估分析、登录注册、在线考试和后台管理等功能。

2.评估系统总体架构

考虑到平台教学质量管控智能评估系统架构设计的实用性,其运行环境基于本校校园局域网。从架构上讲,评估系统由多个服务器组成服务器群,并通过千兆网络建立高速网络通道,其服务器包括数据库服务器、备用数据库服务器和多台 Web 服务器。平台教学质量管控智能评估系统网络拓扑图如图 7-1 所示。

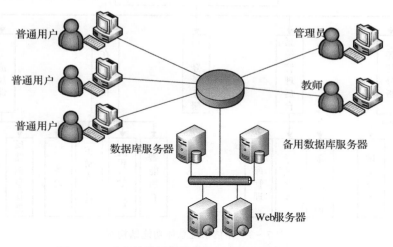

图 7-1　平台教学质量管控智能评估系统网络拓扑图

　　在进行系统软件架构设计时,将平台教学质量管控智能评估系统划分为两个子系统,分别是评估子系统和评估后台管理子系统,两个子系统之间相互协调工作。其中评估后台管理子系统服务于教师,同时服务于评估子系统,主要负责系统整个运行过程的后台数据的信息化、可视化处理。评估子系统服务于考生,实现在线考试及交卷、成绩分析和试卷分析。平台教学质量管控智能评估系统软件架构如图 7-2 所示,其中,评估子系统属于前台,评估后台管理子系统和数据库属于后台。

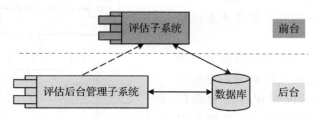

图 7-2　平台教学质量管控智能评估系统软件架构图

3.评估系统功能结构

　　平台教学质量管控智能评估系统的主要角色有学校教师、普通用户以及管理员,不同的角色具有不同的权限。基于对平台教学质量管控智能评估系统的分析,并考虑到扩展性、可靠性以及安全性等方面的因素,系统功能应当包括用户登录注册、在线考试、交流反馈、评估分析和系统管理后台等功能。评估系统总体功能结构如图 7-3 所示。

　　结合虚拟实验教学、评估分析、在线考试和交流反馈形成教→学→练→考→反馈的闭环学习的过程。在线考试由智能组卷、正常式考试、流程式考试和练习组成。

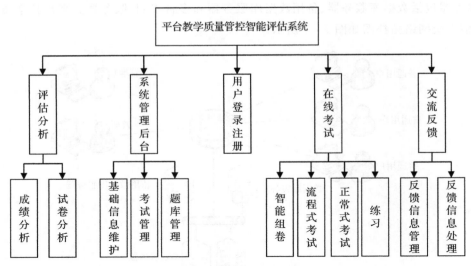

图 7-3　评估系统总体功能结构图

4.评估系统流程图

平台教学质量管控智能评估系统首先需要学生登录评估子系统,首次登录需要进行注册,注册后即可输入自己的用户名和密码登录到系统内部,只有输入正确和具有权限的用户才可以进入评估子系统。教师需要通过后台登录界面进入评估后台管理子系统,在评估后台管理子系统中进入智能组卷部分,通过设置相应的参数后进行组卷。学生进入评估子系统后,进入考试页面选择并点击考试科目,即可进行在线考试,最后试卷作答完毕系统自动提交试卷。

试卷提交完毕之后,由系统对提交好的试卷进行评阅,评阅完成之后对分数进行汇总并提交到页面显示,同时保存到数据库中,方便后续查询。考试结束后,系统会对本次考试成绩进行统计,然后通过 Echarts 柱状图对难度系数、成绩和达成度进行展示,为下次组卷提出指导性建议,并给考生提出相应的学习建议。

在交流反馈中,可以进入反馈页面,对本次考试的题目或者考试过程中系统出现的问题留言反馈或提出建议。管理员根据留言,完成对系统或者考题的改进。在线考试的流程如图 7-4 所示。

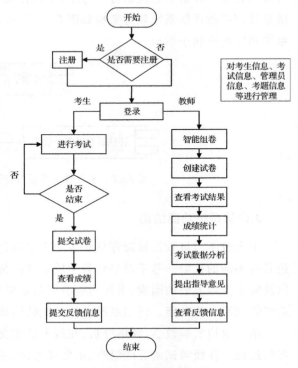

图 7-4　在线考试的流程

7.1.2　评估系统设计与实现

1.智能评估系统数据库的设计

本系统采用 MySQL 对系统数据关系进行管理。系统数据表结构见表 7-1～表 7-8。

（1）普通用户信息表。普通用户信息表包括自增 ID，普通用户登录账号，普通用户登录密码、姓名、性别、邮箱地址、联系方式等，见表 7-1。

表 7-1　普通用户信息表

列　名	数据类型	备　注	是否允许为 NULL
StuID	Int	普通用户自增 ID	是
StuUserName	Int	普通用户用户名	否
StuPwd	Varchar(20)	密码	否
StuName	Varchar(100)	姓名	否
StuSex	Varchar(10)	性别	否
StuEmail	Varchar(100)	邮箱地址	否
StuTel	Varchar(100)	手机号	否

（2）管理员信息表。管理员信息表包括自增 ID，管理员用户名，管理员密码、姓名、性别、邮箱地址、手机号、用户类型等，见表 7-2。

表 7-2　管理员信息表

列　名	数据类型	备　注	是否允许为 NULL
TeaID	Int	管理员自增 ID	是
TeaUserName	Int	管理员用户名	否
TeaPwd	Varchar(20)	密码	否
TeaName	Varchar(100)	姓名	否
TeaSex	Varchar(10)	性别	否
TeaEmail	Varchar(100)	邮箱地址	否
TeaTel	Varchar(100)	手机号	否
TeaType	Varchar(100)	用户类型	是

（3）题库信息表。题库信息表包括自增 ID、题目内容、选项内容、课程 ID、章节 ID、难度系数，见表 7-3。

表 7-3　题库信息表

列　名	数据类型	备　注	是否允许为 NULL
QuesID	Int	题目自增 ID	是
Quescontent	Varchar(5000)	题目内容	否
OptionA	Varchar(100)	选项 A	否
OptionB	Varchar(100)	选项 B	否
OptionC	Varchar(100)	选项 C	否
OptionD	Varchar(100)	选项 D	否
CourseID	Varchar(100)	课程 ID	否
ChapterID	Varchar(100)	章节 ID	否
Level	Varchar(100)	难度系数	否

(4)答案信息表。答案信息表包括自增 ID、题目 ID、答案内容和创建时间,见表 7-4。

表 7-4　答案信息表

列　名	数据类型	备　注	是否允许为 NULL
AnswerID	Int	答案自增 ID	是
QuesID	Int	题目 ID	否
AnswerContent	Varchar(500)	答案内容	否
Createtime	Varchar(50)	创建时间	否

(5)考试成绩信息表。考试成绩信息表包括成绩自增 ID、学生 ID、试卷 ID 和分数,见表 7-5。

表 7-5　考试成绩信息表

列　名	数据类型	备　注	是否允许为 NULL
ScoreID	Int	成绩自增 ID	是
StuID	Int	学生 ID	否
PaperID	Int	试卷 ID	否
Score	Double	分数	否

(6)试卷信息表。试卷信息表包括自增 ID、试卷名称、作答时间、题目数量和题目分值,见表 7-6。

表 7-6　试卷信息表

列　名	数据类型	备　注	是否允许为 NULL
PaperID	Int	试卷自增 ID	是
PapeName	Varchar(500)	试卷名称	否
PaperTime	Varchar(100)	作答时间	否
QuesNum	Int	题目数量	否
QuesScore	Int	题目分值	否

(7)排名信息表。排名信息表包括自增 ID、学生 ID、分数和课程 ID,见表 7-7。

表 7-7　排名信息表

列　名	数据类型	备　注	是否允许为 NULL
RankID	Int	排名自增 ID	是
StuID	Int	学生 ID	否
Score	Double	分数	否
CourseID	Int	课程 ID	否

(8)反馈内容信息表。反馈内容信息表包括自增 ID、反馈人姓名、反馈人邮箱地址、反馈内容、反馈日期,见表 7-8。

表 7 - 8　反馈内容信息表

列　名	数据类型	备　注	是否允许为 NULL
FeedBackID	Int	反馈自增 ID	是
FeedBackName	Varchar(500)	反馈人姓名	否
FeedBackEmail	Varchar(100)	反馈人邮箱地址	否
FeedBackContent	Varchar(1000)	反馈内容	否
FeedBackTime	Varchar(100)	反馈日期	否

评估系统整体的 E - R 图如图 7 - 5 所示。

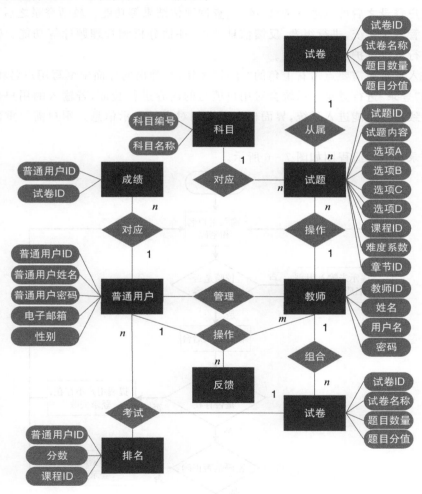

图 7 - 5　评估系统整体的 E - R 图

以教师为例,教师可以管理学生、操作试题、查看反馈和组合试卷。以普通用户为例,普通用户可以进行考试、查看成绩和进行反馈。

2.用户管理模块设计与实现

登录、注册等功能按键应在首页最醒目的位置,用户可以方便地进入评估子系统。在首页还应该为评估后台管理子系统登录提供专门的登录接口,教师和管理员用户可以方便地进入评估后台管理子系统进行组卷、反馈信息处理、评估分析、试卷管理和系统维护。从界面上来说,界面设计应尽可能地简洁大方,在首页除去琐碎的界面设置,确保用户使用系统时不会遇到操作障碍。

用户在首次使用评估子系统时,需要先通过注册功能进行注册,然后才可以登录进入系统。若用户已有账号和密码,只需进行登录验证,就能够打开首页并选择对应的功能。使用系统时,普通用户和教师(管理员,教师和管理员是同一个登录入口,但权限不同)的登录入口不同。普通用户登录之后可以进行考试、练习、查询评估结果等功能。教师登录之后可以进入系统评估后台管理子系统,进行组卷、反馈信息处理、评估分析和管理题库等功能。管理员登录之后可以进行系统维护和用户管理。

用户进入首页后需要点击右上角的"登录"按钮,在弹出的界面中填写用户名和密码,填写完毕后点击"登录"进行登录。系统会对用户填写的内容进行验证,若输入的用户名和密码不匹配则会导致用户不能进入系统,界面也会弹出相对应的提示信息。用户需要重新输入进行验证。

用户登录功能的流程图如图 7-6 所示。

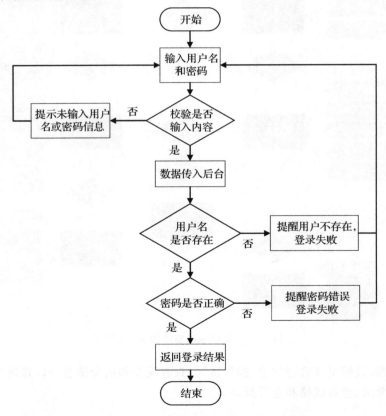

图 7-6 用户登录流程图

由于教师(管理员)和学生的登录入口不同,登陆时需进入相匹配的登录界面,否则也会导致登录失败,无法进入系统。

用户需要通过虚拟实验平台首页或者直接输入 URL 进入平台教学智能管控评估系统,进入系统后首先是系统的首页界面。评估系统首页界面如图 7-7 所示。

图 7-7　评估系统首页界面

点击首页的"登录"按钮后,页面上方弹出普通用户登录界面,评估系统登录界面如图7-8所示。

图 7-8　评估系统登录界面　　　　　　　图 7-9　用户登录失败界面

用户输入账号密码信息后,点击登录。若该账号信息与 Web 服务器中的账户信息一致,则进入系统。若该账户信息不存在或者错误,则弹出相应的提示。用户登录失败界面如图7-9所示。

管理员账号需要进行预先的设定,普通用户可以直接利用注册功能进行注册。注册时,需登录评估系统首页,然后填写页面中待填信息后进行注册。用户注册流程如图 7-10 所示。

通过用户的注册及登录后,后台数据库就具备了用户信息。管理员登录后就具有对某个用户的信息进行删除的权限。管理员输入用户名及密码后,通过验证即可进入平台教学质量管控智能评估后台管理系统。点击"用户"按钮即可进入用户管理界面。

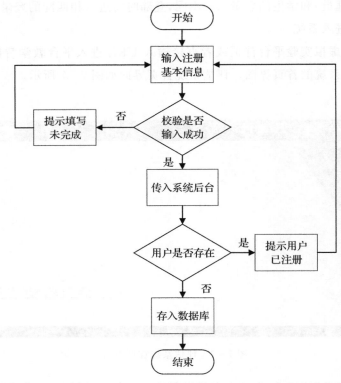

图 7 - 10　用户注册流程

3.在线考试模块设计与实现

在线考试模块中,教师设计好试卷并设置试卷相关信息,通过试卷编号和试题编号存储试卷。学生在设定的考试时间前登录进入系统,可以在系统主页中选择考试科目,并进行考试。考试主页面主要由题目和选项答案组成,通过传递试卷编号和试题编号查询具体试题,并在考试页面显示试卷。当用户答完所有题目后系统会自动阅卷,并显示本次考试的具体分值、一次做对题目数和多次做对题目数。图 7 - 11 和图 7 - 12 所示分别为考试界面和考试结果界面。

图 7 - 11　考试界面

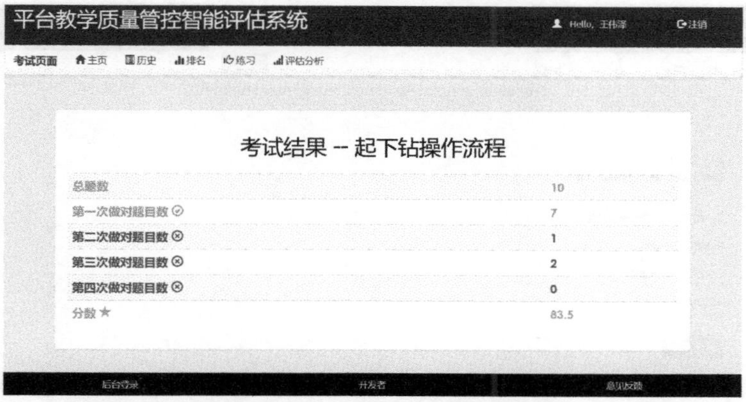

图 7-12　考试结果界面

　　在考试过程中,通过 Ajax 技术进行页面之间的数据传递,实现即时判断选择对错。即当学生点击"下一题"时,若该按钮由蓝色变成灰色,并且界面无刷新时,则说明此次选择错误。该功能对应具体步骤操作错误时,实验系统会给出相应的提示。实现此功能的具体思路为前端用 Ajax 发送提交的答案 JSON 数据,后端接收并判断与正确答案是否一致,并返回判断结果,前端接收该结果,根据不同结果做不同的响应。该功能的前端 Ajax 伪代码设计如下:

```
$.ajax({
data:{传入数据}
type:"post",
url:后台地址,
success:function (rel){
rel1 = eval(rel)
    if (rel1.status == "1"){
        移除 disabled 属性并跳到下一题
            }else {
                打印相关信息
                }
        }
        })
```

该功能的后端程序设计思路如下:

(1)用 $_POST 接收前端发来的数据。

(2)用 sql 语句查询数据库中的相关数据。

(3)对答案进行判断:

```
if(isset($row)){
    $ansid=$row['ansid'];
        if(答案一样){返回状态码 1}else{返回状态码 0}
```

(4)封装函数。

该功能实现效果图如图 7-13 所示。

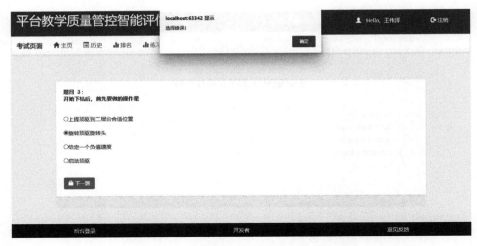

图 7-13　操作流程考试实现效果图

4.评估分析模块设计与实现

教学质量评估系统的核心之一就是评估分析模块。在用户完成考试后，系统会记录该用户的考试成绩、考试次数、试卷的难度系数等数据，根据成绩和难度系数算出达成度，然后利用Echarts 插件绘制出数据之间的关系。达成度计算可定义为

$$M = \frac{P \times S}{100} \qquad (7-1)$$

式中，M 为达成度；P 为试卷难度系数，$P \in (0,1]$；S 为成绩，$S \in [0,100]$。

首先教师在系统后台可以点击"查看成绩柱状图"按键，对考试情况的柱状图进行查看。教师查看的成绩柱状图如图 7-14 所示。

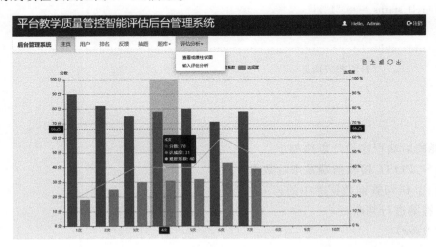

图 7-14　教师查看成绩柱状图界面

在图 7-14 中，横轴表示考试次数，分别显示了达成度、分数和难度系数。查看成绩柱状图后，点击"输入评估分析"按键后对本次考试的作答情况进行评判分析，并给出指导性意见。

教师输入评估分析内容界面如图 7 – 15 所示。

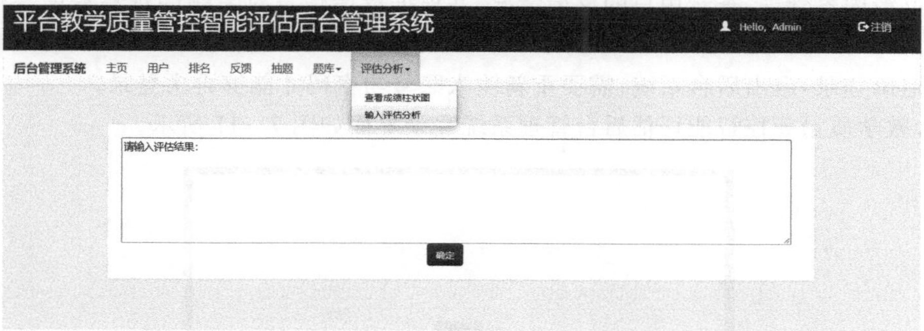

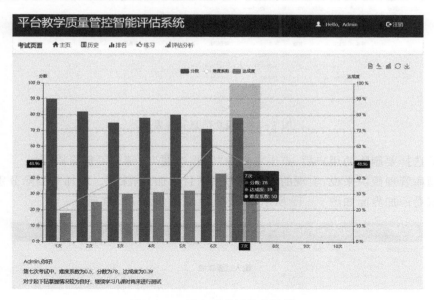

图 7 – 15　教师输入评估分析内容界面

教师评判完成后,用户可以在前台点击"评估分析"按键进入本模块查看。本模块在界面中绘制了考试次数、难度系数、考试成绩和达成度之间的关系,用户可以很清楚地看到考试科目的难度系数和用户考试所得成绩之间的变化。在柱状图下面显示了教师对于该名用户的学习建议和指导。用户查看评估分析界面如图 7 – 16 所示。

图 7 – 16　用户查看评估分析界面

5. 系统管理模块设计与实现

教师登录后可以进行成绩排名查询、试卷管理、题库管理和反馈内容管理,管理员登录后可以对用户数据进行管理。其功能模块主要如下:

(1)用户信息管理:查询用户的具体个人信息,执行删除等操作。

(2)成绩排名查询:查询用户的成绩信息,也可以查询所有用户的成绩排名情况,通过列表的形式进行展示。

(3)试卷管理:进行试卷的增加、删除和修改等操作。

（4）题库管理：进行题库内试题的增加、删除和修改等操作。

（5）反馈内容管理：查看用户的反馈情况，并根据反馈信息对考题的难易程度等作出合理的优化。

（6）退出登录：退出后台系统，需要重新输入账号与密码才能够再次登录。

平台教学质量管控智能评估后台管理系统登录界面如图7-17所示。

图7-17　平台教学质量管控智能评估后台管理系统登录界面

用户信息管理界面如图7-18所示。

图7-18　用户信息管理界面

管理员选择要删除的用户后，点击右侧的"回收站🗑"按键即可删除该用户。

对于题库管理模块来说，实现的功能有考试题目添加、删除等。增加和删除分别在不同的界面中。试卷添加界面如图7-19所示，试卷删除界面如图7-20所示。

图7-19　试卷添加界面

180

输入考试科目、题目总数、每一题分数等信息后,点击"确定"即可创建一套试卷。

图 7 - 20　试卷删除界面

对于考完的试卷,教师可以选择删除该试卷。点击右侧的红色"删除"按键即可删除。

6.反馈模块设计与实现

为了利于本系统的后期维护和提高用户体验,设计并开发了意见反馈模块。本模块以评论的方式反馈意见,教师在后台查看反馈信息,并根据反馈信息对试卷组成、题目难易程度等做出合理的优化。同时,用户在实验、考试和练习过程中遇到困难均可以在反馈页面进行反馈,教师在后台看到反馈信息时会第一时间进行解答。图 7 - 21 所示是意见反馈模块界面。

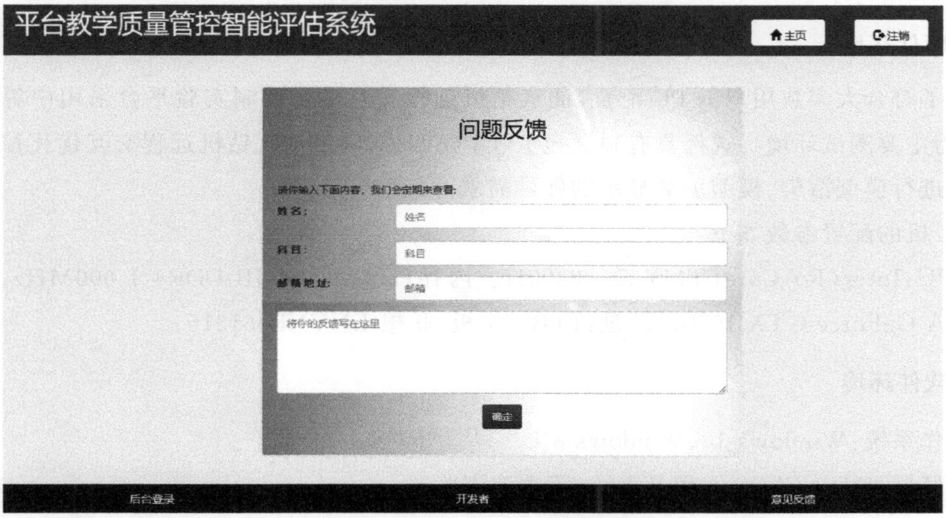

图 7 - 21　意见反馈模块界面

用户输入姓名、科目、邮箱地址和反馈内容,点击"确定"即可将反馈内容存到数据库,教师在后台就能查看该条反馈的详细内容。图 7 - 22 所示是后台管理系统中查看意见反馈信息的界面。

教师点击"文件夹📁"按钮即可查看详细的反馈信息。点击"回收站🗑"按钮即可删除该条反馈意见。

图 7 - 22　后台查看意见反馈界面

7.2　实验平台测试

7.2.1　测试环境

1.硬件环境

为了符合大多数用户的 PC 配置,油气钻机远程交互优化控制实验平台采用中等配置的 PC 作为主要测试环境。选择具有独立显卡、CPU 四核,满足油气钻机远程交互优化控制的实验平台进行模型渲染、模型加载显示的硬件需求。

PC 机的配置参数如下:

CPU:Inter(R) Core(TM) i5 - 8300H。内存(RAM):16GB DDR4 1 600MHz。显卡:NVIDIA GeForce GTX 1060。硬盘:1TB。主板:联想 LNVNB161216。

2.软件环境

操作系统:Windows 10、Windows 8。

浏览器:Edge、Chrome 和 Firefox 等主流浏览器。

7.2.2　平台主要功能测试

在软件工程中,对软件的功能进行测试是保证一款软件的可用性、准确性和安全性的重要步骤。其目的是对开发人员的代码进行测试,验证其是否符合用户需求分析。软件测试具有规范的测试流程,设定测试用例后按照测试流程对代码进行测试使用,发现程序中的漏洞,方便后期修复漏洞。

功能性测试需要依据测试用例来严格执行,其中测试用例是一组对功能进行测试的使用例子,包括测试类型、测试内容、测试步骤和预期结果,主要用来查找软件中的漏洞[101-102]。功能测试需要对某一功能设计一组或多组的测试用例。测试用例的表示方法由输入和输出两组数据构成[103]。测试过程中,对某一功能进行数据输入,即开始测试使用。在测试使用结束后获得数据输出,即显示执行结果。对于每次测试使用的测试用例的输入和输出都应进行记录,方便后期进行查看、对比。

黑盒测试通常用于软件系统的功能性测试[104]。黑盒测试不考虑内部实现,只在乎输入和输出,以及实际输出是否和期望输出相匹配。在测试前,对于每个功能的期望结果都应熟稔于心,最后验证测试结果是否与预期结果符合。测试任务见表 7-9。

表 7-9　测试任务

类　型	内　容	目　的	工具和方法
功能测试	登录注册功能测试 平台教学质量管控功能测试 用户管理功能测试 后台信息管理功能测试 平台实验功能测试	验证功能是否正常, 流程是否符合逻辑	黑盒测试,手工测试
安全性访问测试	进行身份验证、输入验证	验证是否具备访问权限	黑盒测试、手工测试
兼容性测试	用不同的操作系统,用不同的 浏览器进行测试	验证在不同的运行环境中 是否稳定	黑盒测试、手工测试

1.测试流程

在开发过程中,熟悉需求分析,对实验平台的功能进行分解是进行软件测试的必经之路。平台测试流程如图 7-23 所示。

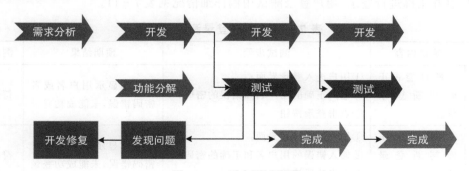

图 7-23　平台测试流程

油气钻机远程交互优化控制实验平台的功能测试可分解为基础性功能测试和主要功能测试。其中基础性测试包括实验平台的注册、登录和注销等功能。主要功能测试包括平台教学质量管控功能测试、用户管理功能测试、后台信息管理功能测试和平台实验功能测试等。

2.登录注册功能测试

(1)注册功能测试。在本测试用例中,对平台用户的注册进行测试,验证平台是否能够判断用户信息并正确进行注册。用户注册测试用例详细情况见表 7-10。

表 7 - 10　用户注册测试用例

编　号	测试内容	测试步骤	预期结果	测试结果
1	验证能否正确判断注册信息	①用户进入注册界面；②首次输入的密码与二次确认密码不一致；③点击注册按钮	界面显示两次密码不一致,未能注册成功	符合预期
2	验证能否正确判断注册信息	①用户进入注册界面；②输入注册密码少于6位；③点击注册按钮	界面显示密码少于6位,未能注册成功	符合预期
3	验证能否正确判断注册信息	①用户进入注册界面；②缺少输入某一项；③点击注册按钮	界面显示该项不能为空,未能注册成功	符合预期
4	验证能否正确判断注册信息	①用户进入注册界面；②错误输入验证码；③点击注册按钮	界面显示验证码输入错误,未能注册成功	符合预期
5	验证能否正确判断注册信息	①用户进入注册界面；②正确输入验证码；③点击注册按钮	界面显示注册成功	符合预期
6	验证能否正确判断注册信息	①用户进入注册界面；②按规定输入所有信息；③点击注册按钮	界面显示注册成功	符合预期

（2）登录功能测试。在本测试用例中,对平台用户的登录进行测试,验证平台是否能够判断用户信息并正确进行登录,用户登录测试用例详细情况见表 7 - 11。

表 7 - 11　用户登录测试用例

编　号	测试内容	测试步骤	预期结果	测试结果
1	验证能否正确判断登录信息	①用户进入登录界面；②输入正确的用户名和错误的密码；③点击登录按钮	界面显示用户名或者密码错误,未能成功登录	符合预期
2	验证能否正确判断登录信息	①用户进入登录界面；②输入错误的用户名和正确的密码；③点击注册按钮	界面显示用户名或者密码错误,未能成功登录	符合预期
3	验证能否正确判断登录信息	①用户进入登录界面；②输入正确的用户名、正确的密码和错误的验证码；③点击登录按钮	界面显示验证码错误,未能成功登录	符合预期
4	验证能否正确判断登录信息	①用户进入登录界面；②按规定输入所有信息；③点击登录按钮	界面显示登录成功	符合预期

以正确注册并登录为例,在注册界面正确输入各个表单需要输入的内容,点击"完成注册"按钮。本节以用户名"test321"为例进行注册。该功能的效果图如图 7-24 所示。

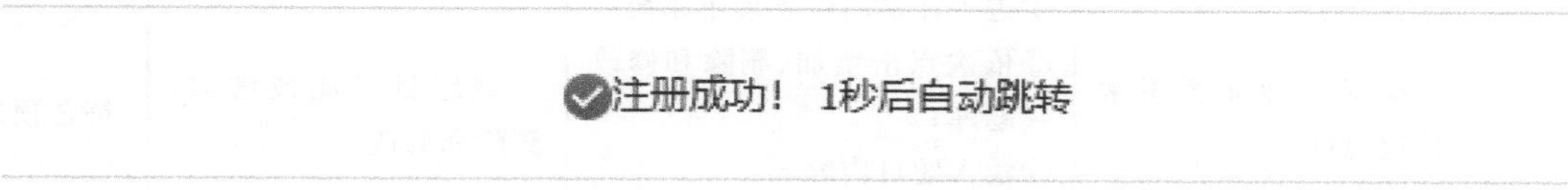

✅注册成功！1秒后自动跳转

图 7-24　注册成功效果图

以"test321"注册成功后,系统自动登录并跳转到主界面,其效果如图 7-25 所示。

图 7-25　自动登录并跳转效果图

在用户进行注册后,其用户数据便保存在数据库中,数据库中的用户注册信息如图 7-26 所示。

s_id	s_username	s_pwd	s_sex	s_profession	s_birthday	s_education	s_interest
13	测试1	96e79218965eb72c92a549dd5a330112	男	学生	1995-10-09	硕士	起下钻
14	测试2	96e79218965eb72c92a549dd5a330112	男	学生	1994-09-12	硕士	钻机优化控制
16	测试3	96e79218965eb72c92a549dd5a330112	女	学生	1995-09-15	硕士	钻机优化控制
12	ceshi	96e79218965eb72c92a549dd5a330112	男	学生	1995-06-10	硕士	井场漫游
15	test321	96e79218965eb72c92a549dd5a330112	女	学生	1995-06-06	硕士	井场漫游

图 7-26　数据库中的用户注册信息

3.平台教学质量管控功能测试

在本测试用例中,主要验证平台教学质量管控智能评估系统的功能是否满足用户需求,包括教师能否正常管理考试、管理题目、组卷、评估分析和处理反馈信息,以及考生端能否显示待考信息,考生能否正常进行考试和练习、能否正常显示考试分数、能否正常自动阅卷、能否正常获得分析结果和能否正常进行反馈交流等情况。教学质量管控功能测试用例详细情况见表7-12。

表 7-12　教学质量管控功能测试用例

编　号	测试内容	测试步骤	预期结果	测试结果
1	验证教师能否正常管理考试	①进入评估后台管理子系统;②依次点击增加和删除考试;③点击确定	在系统后台的考试管理模块显示和删除相应的考试信息	符合预期

续　表

编号	测试内容	测试步骤	预期结果	测试结果
2	验证教师能否正常管理题目	①进入评估后台管理子系统；②依次点击增加、删除和修改题库；③输入题目内容；④点击确定	该题目以此被增加、删除和修改	符合预期
3	验证教师能否正常组卷	①进入评估后台管理子系统；②点击抽题；③输入试卷参数；④点击确定	相应参数的试卷已生成	符合预期
4	验证教师能否正常评估分析	①进入评估后台管理子系统；②点击评估分析；③以此点击查看成绩柱状图和输入评估分析；④点击确定	该条评估分析结果已在前端显示	符合预期
5	验证教师能否正常处理反馈信息	①进入评估后台管理子系统；②点击反馈；③依次点击查看和删除信息	反馈信息内容以此被查看和删除	符合预期
6	验证考生能否正常进行考试	①进入考试主页面；②选择考试科目；③进行作答	在考试界面可以正常进行考试	符合预期
7	验证考生能否正常进行练习	①进入练习主页面；②选择练习科目；③进行练习	在练习界面可以正常进行练习	符合预期
8	验证考生能否正常获得分析结果	①进入评估分析主页面；②查看成绩柱状图；③查看教师分析结果	在评估分析界面正常显示分析结果	符合预期
9	验证系统能否正常自动阅卷	①进入考试主页面；②选择考试科目；③作答完毕显示分数	在考试结果界面显示本次考试所得分数	符合预期
10	验证考生能否正常进行反馈交流	①进入反馈主页面；②输入要反馈的信息及本人的联系方式；③点击确定	在系统后台反馈管理界面正常显示这条反馈内容	符合预期

4.用户管理功能测试

在本测试用例中,主要验证油气钻机远程交互优化控制实验平台的用户管理功能是否满足用户需求,包括添加管理员、删除管理员、非超级管理员不能删除管理员、管理员对平台用户信息的删除和修改等情况。用户管理功能测试用例详细情况见表 7‑13。

表 7‑13　用户管理功能测试用例

编　号	测试内容	测试步骤	预期结果	测试结果
1	验证系统能否正常添加管理员	①进入系统后台；②点击增加管理员；③输入管理员信息；④点击确定	在系统后台的管理员列表显示该管理员的信息	符合预期
2	验证非超级管理员是否具备正常删除管理员的权限	①以普通管理员身份进入系统后台；②点击删除管理员；③选择要删除的管理员；④点击确定	界面提示普通管理员不具备删除管理员的权限	符合预期
3	验证系统能否正常删除管理员	①进入系统后台；②点击删除管理员；③选择要删除的管理员；④点击确定	在系统后台的管理员列表不再显示该管理员的信息	符合预期
4	验证管理员能否正常删除用户信息	①进入系统后台；②点击用户列表；③选择要删除的用户；④点击确定	在系统后台的用户列表中不再显示该用户的信息	符合预期
5	验证管理员能否正常修改用户信息	①进入系统后台；②点击用户列表；③选择要修改的用户；④修改用户信息；⑤点击确定	在系统后台的用户列表中显示该用户的信息已被修改	符合预期

5.后台信息管理功能测试

在本测试用例中，主要验证油气钻机远程交互优化控制实验平台的后台信息管理功能是否满足用户需求，包括平台概况、师资队伍、设备环境、学术研究、课程简介和动态发布的管理和教学大纲、指导手册等和参考资料的上传、下载管理等情况。后台信息管理功能测试用例详细情况见表 7‑14。

表 7‑14　后台信息管理功能测试用例

编　号	测试内容	测试步骤	预期结果	测试结果
1	验证系统后台能否正常添加、修改和删除平台概况	①进入系统后台；②点击平台概况管理；③先后进行添加、修改和删除操作；④点击确定	在系统后台的平台概况界面先后显示添加的内容、修改的内容和被删除的内容。同时在系统用户端显示添加、修改和删除的内容	符合预期

续　表

编　号	测试内容	测试步骤	预期结果	测试结果
2	验证系统后台能否正常添加、修改和删除师资队伍	①进入系统后台；②点击师资队伍管理；③先后进行添加、修改和删除操作；④点击确定	在系统后台的师资队伍界面先后显示添加的内容、修改的内容和被删除的内容。同时在系统用户端显示添加、修改和删除的内容	符合预期
3	验证系统后台能否正常添加、修改和删除设备环境	①进入系统后台；②点击设备环境管理；③先后进行添加、修改和删除操作；④点击确定	在系统后台的设备环境界面先后显示添加的内容、修改的内容和被删除的内容。同时在系统用户端显示添加、修改和删除的内容	符合预期
4	验证系统后台能否正常添加、修改和删除学术研究	①进入系统后台；②点击学术研究管理；③先后进行添加、修改和删除操作；④点击确定	在系统后台的学术研究界面先后显示添加的内容、修改的内容和被删除的内容。同时在系统用户端显示添加、修改和删除的内容	符合预期
5	验证系统后台能否正常添加、修改和删除课程简介	①进入系统后台；②点击课程简介管理；③先后进行添加、修改和删除操作；④点击确定	在系统后台的课程简介界面先后显示添加的内容、修改的内容和被删除的内容。同时在系统用户端显示添加、修改和删除的内容	符合预期
6	验证系统后台能否正常发布、修改发布和删除发布平台的动态信息	①进入系统后台；②点击动态发布管理；③先后进行发布、修改发布和删除发布操作；④点击确定	在系统后台的动态发布界面先后显示发布的内容、修改发布的内容和被删除的内容。同时在系统用户端显示发布、修改发布和删除发布的内容	符合预期
7	验证系统能否正常上传和下载教学大纲	①进入系统后台；②点击教学大纲管理；③先后进行上传和下载操作；④点击确定	在系统后台教学大纲界面显示上传的文件名，在服务器中存储的文件。在用户端中显示可下载的文件名	符合预期
8	验证系统能否正常上传和下载参考资料	①进入系统后台；②点击参考资料管理；③先后进行上传和下载操作；④点击确定	在系统后台参考资料界面显示上传的文件名，在服务器中存储的文件。在用户端中显示可下载的文件名	符合预期
9	验证系统能否正常上传和下载指导手册	①进入系统后台；②点击指导手册管理；③先后进行上传和下载操作；④点击确定	在系统后台指导手册界面显示上传的文件名，在服务器中存储的文件。在用户端中显示可下载的文件名	符合预期

　　以管理员能否正常添加平台概况为例。管理员登录后台管理系统后进行平台概况添加工作。添加平台概况如图 7 - 27 所示。

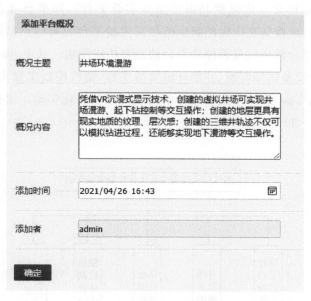

图 7 - 27　添加平台概况

　　输入完成后点击"确定"按钮,该条平台概况信息便存入数据库中,随之改变前端的平台概况页面。数据库中的平台概况信息如图 7 - 28 所示。

图 7 - 28　数据库中的平台概况信息

　　数据改变,前端页面也随之改变。添加后的前端平台概况页面如图 7 - 29 所示。

图 7 - 29　添加后前端平台概况页面

7.2.3 虚拟仿真实验平台测试

登录"油气钻机远程交互优化控制虚拟仿真实验平台",即平台首页。平台主页面如图3-10所示。油气钻机远程交互优化控制虚拟仿真实验平台应有门户网站、用户登录注册、虚拟实验、平台管理和平台教学质量管控为平台的主要功能模块。其中,虚拟实验包含已开发完成并发布的钻井平台设备认知实验、井场环境漫游实验、钻机控制实操实验(包含井眼轨迹优化控制实验和起下钻实验)和一个正在建设中的钻机控制优化实验。虚拟仿真实验平台的数据库功能结构如图7-30所示。

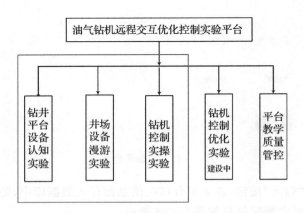

图 7-30　平台的数据库功能结构图

1.WebGL 工程发布

在本测试用例中,主要验证油气钻机远程交互优化控制实验平台的实验功能是否满足用户需求,包括各项已开发好的实验在 Web 环境运行的情况。实验需在 Unity 3D 中进行开发,开发完成后利用 WebGL 对工程进行整体打包发布。发布流程如下:

(1)在 Unity 官网下载界面中,选择和本地 Unity 3D 版本一致的 WebGL Target Support 并下载;

(2)将 WebGL Target Support 的可执行文件安装在本地的 Unity 3D 路径中;

(3)打开 Unity 3D 主界面,点击 File→Build Settings;

(4)在 Scenes In Build 中,选择要发布的场景文件;

(5)在 Platform 部分,选择 WebGL;

(6)在 Player Setting 中,对图标、分辨率和界面等进行设置;

(7)点击 Build,选择发布路径后,即可完成实验的打包。

具体实验在 Unity 3D 中的打包发布,如图 7-31 所示。

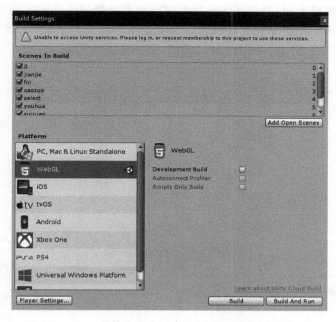

图 7-31　具体实验在 Unity 3D 中的打包发布图

　　打包发布时,若选择 Development Build 选项,打包的工程文件会非常大,打包所需时间也大大增加。所以在不必要的情况下,请勿选择该选项。

2.井场设备认知实验

　　在实验登录主页面中点击"钻井平台设备认知"进入钻井平台设备认知实验。等待设备模型加载完成。钻井平台设备模型加载完成页面如图 7-32 所示。

　　开始实验环节测试,分别对模型加载显示、模型旋转、模型平移、模型缩放、模型设备高亮、模型设备弹出介绍框进行测试。钻井井场设备认知实验测试结果见表 7-15。

表 7-15　钻井井场设备认知实验测试结果

编号	测试功能	操　作	用例数	结　果
01	模型加载显示	点击进入钻井井场设备认知按钮	10	三维钻井井场设备模型显示正常
02	模型旋转	点击鼠标左键不放移动鼠标	10	模型整体随着鼠标移动的方向进行旋转
03	模型平移	点击鼠标右键不放移动鼠标	10	模型整体随着鼠标移动的方向进行移动
04	模型缩放	滚动鼠标滑轮	5	模型整体随滑轮的滚动进行放大和缩小
05	模型设备高亮	分别点击各模型设备	20	各模型设备颜色改变
06	模型设备弹出介绍框		20	弹出对应模型设备介绍框

表 7 - 15 测试结果表明,基于 Three.js 开发的钻井井场设备认知实验功能都能正常使用,达到了预期的设计效果。将钻井井场设备认知实验模型加载到页面,如图 7 - 32 所示。钻井井场设备认知实验模型弹出介绍框页面,如图 7 - 33 所示。

图 7 - 32　钻井井场设备认知实验模型加载到页面

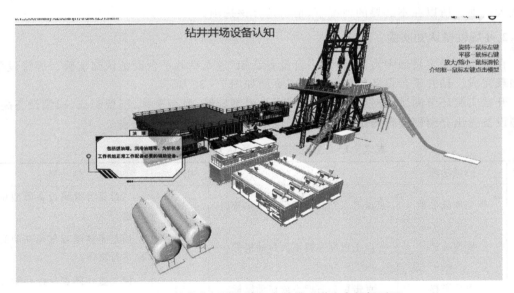

图 7 - 33　钻井井场设备认知实验模型弹出介绍框页面

3.井场沉浸式漫游及钻机实操实验

在实验平台登录主页面(见图 3 - 10)中点击"井场环境漫游",进入"井场漫游系统"登录界面。在井场中漫游的视图如图 7 - 34 所示。二层台的漫游视图如图 7 - 35 所示。

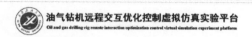

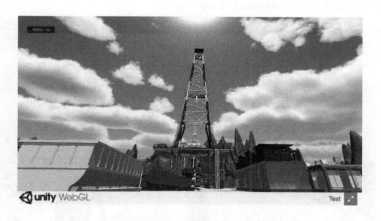

图 7-34　井场漫游

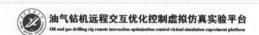

图 7-35　二层台漫游

系统内所有场景,均可实现沉浸式漫游,其中,W,S,A,D,space 键操作实现场景内前后、左右和上升,鼠标、鼠标滚轴拉动视角转向和调整场景的远近。这样的定义沿袭了常规游戏和其他三维虚拟作品的习惯,方便用户更快上手。

同时,用户通过虚拟装备(HMD 头戴显示器)下载相应的插件,在沉浸式漫游"真实"井场,如同行走在实际井场,直观认知井场设备。

点击"开始操作"按钮后,进入起升系统,界面包含旋转、上提、下放、刹车、返回五个按钮,通过点击按钮可实现起下钻操作。点击"返回上一层"界面,则回到操作主界面。起升系统操作界面如图 7 – 36 所示。

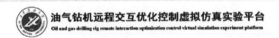

图 7 – 36　起升系统操作

4. 井眼轨迹优化控制与可视化

进入井眼轨迹优化控制可视化系统主界面(见图 7 – 37)。系统主界面有"进入""退出"和"简介"三个按钮选项。

图 7 – 37　可视化系统主界面

(1)点击"退出"即可退出本可视化系统,点击"简介"可进入系统简介界面(见图 7 – 38)。

图 7-38　系统简介界面

（2）点击"操作介绍"后，有关井轨迹可视化系统的操作介绍（见图 7-39），主要包括进入不同系统后沉浸式漫游的键盘、鼠标提示与按键控制介绍。

图 7-39　操作介绍

（3）点击"进入"即可进入定向井井迹动态可视化系统模式选择界面（见图 7-40），三个按钮分别是优化井轨迹可视化、定向井轨迹可视化和实钻井轨迹可视化。

图 7-40　定向井井迹动态可视化模式选择界面

（4）选择优化井轨迹可视化，即可进入优化井轨迹模式的可视化场景（见图7－41）。

图7－41　优化井轨迹可视化

根据优化后的井眼轨迹数据，实现优化井轨迹的可视化。根据井眼轨迹优化结果，输入：井斜角（0°～90°）、方位角（－180°～180°）和曲率。

1）如果井段是直线轨迹，在窗体输入造斜点的方位角、井斜角，曲率设置为"0"，通过按键"G"，控制钻头以系统中设置的前进速度直线钻到目标靶点位置；

2）如果井段是曲线轨迹，则需输入井斜角、方位角和曲率，通过按键"F"，根据井眼轨迹计算公式和优化井轨迹数据实时计算钻头坐标与角度的变化，程序控制钻头从当前位置缓缓钻至目标靶点位置。

（5）选择定向井轨迹可视化，可进入定向井轨迹选择界面（见图7－42）。此处提供了分支井、分段井和水平井三种形态的定向井轨迹（见图7－43），分别点击相应的按钮即可进入三个场景。可采用系统漫游的方式，对三种井眼轨迹进行观测。

图7－42　定向井轨迹选择界面

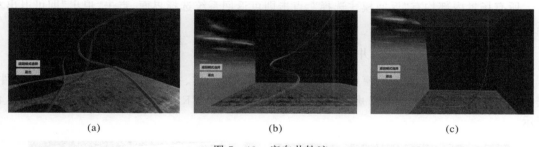

(a)　　　　　　　　　　(b)　　　　　　　　　　(c)

图 7 - 43　定向井轨迹
(a)分支井；(b)分段井；(c)水平井

(6)选择实钻井轨迹可视化，即可进入实钻井轨迹模式的可视化场景(见图 7 - 44)。本模块利用按键"Q"控制钻头运行，并在三维地层中绘制真实的井眼轨迹。实钻井轨迹的可视化如图 7 - 45 所示。

图 7 - 44　实钻井轨迹和优化井轨迹的可视化

图 7 - 45　实钻井轨迹的可视化

所有场景内部均有"返回模式选择",点击即可返回系统选择界面,点击"退出"即可退出本系统。

5.基于手持操作器沉浸式井迹交互优化操作

首先在"导航栏—资源共享"下载井场漫游、起下钻操作、井眼轨迹交互优化控制等插件,安装在本机,采用 HTC VIVE 虚拟设备套装,可实现基于 VR 的可视化效果操作,如图 7-46 所示。

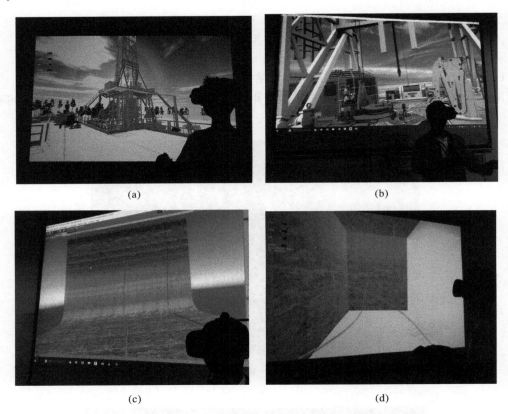

(a)   (b)

(c)   (d)

图 7-46　基于 VR 的可视化效果操作图
(a)井场漫游;(b)起下钻操作;(c)实钻井眼轨迹交互;(d)优化井眼轨迹交互

课程建设团队原创性设计并研发"油气钻机远程交互优化控制虚拟仿真实验"教学平台。在传统教育中注入 VR 的"沉浸性""交互性"的情景教学,身临其境地实践体验学习相关知识,激发学生学习积极性,提升学习成果。

油气钻机远程交互式优化控制虚拟仿真实验,以钻机为控制对象,开设了钻井台设备、钻井二层平台和井下油气储层等井场的认知实验以及起/下钻操作控制、井眼轨迹优化和井眼轨迹控制虚拟仿真实验,让学生能身临其境地学习油气钻机控制相关知识。实验内容"由浅入深,由面到点,由知到研"递进展开,使枯燥的钻机优化控制教学研究过程形象化、具体化、趣味化。

6.平台教学质量管控智能评估系统

（1）在实验登录主页面（见图 3－10）中点击"平台教学质量管控评估系统"，进入平台教学质量管控评估系统，如图 7－47 所示。

图 7－47　评估系统首页界面

（2）先"注册－登录"，进入评估系统主页面，可进入"认知实验"和"钻机操作流程考试"。评估系统主页面如图 7－48 所示。

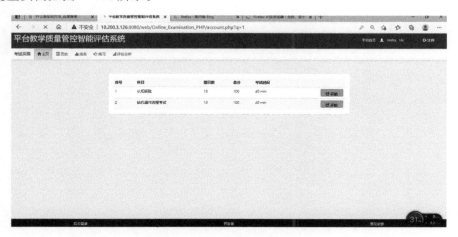

图 7－48　评估系统主页面

注意：以上操作网络版和 PC 单机版的实验操作方法完全相同。

平台主页"导航栏—资源共享"提供了下载井场环境漫游、井眼轨迹可视化、起下钻操作等相关插件，在本机上运行插件，借助虚拟头显沉浸式观看"真实"井场环境，通过键盘/鼠标在 PC 上完成沉浸式漫游和相关操作控制，也可通过 leap motion 手势识别器，裸手完成相关操作。

至此，完成了"油气钻机远程交互优化控制虚拟仿真实验"中虚拟井场设备、钻井二层平台和井轨迹等井场的认知实验以及起/下钻操作控制、井眼轨迹优化和井眼轨迹控制虚拟仿真实验,而钻机控制优化环节仍处于开发中。通过教→学→练→考→反馈的闭环学习模式,控制和管理学习质量。

本实验平台将互联网、虚拟现实和智能优化技术引入钻机优化控制复杂工程,与国内同类课程比较,课程展现形式生动、内容通俗、具有受众面广。课程导向契合国家"虚拟现实技术逐步走向成熟,拓展了人类感知能力,改变了产品形态和服务模式"的理念要求。

因此,本实验平台满足石油院校相关专业的本科生对于钻井设备、钻机控制等知识教学和实训需求,克服了在实际钻机优化控制系统学习和研究中存在"三高一长"(即设备风险高、操作人员风险高、成本高和培训周期长)的问题。同时,通过网络平台增加受众人员、克服时空的局限性,设计新颖、精致,内容丰富,具有实用价值和广阔前景。

附　录

附录 A

井眼轨迹变量的定义：

$\varphi_1, \varphi_2, \varphi_3$	第一、第二、第三段稳斜角，(°)；
θ_1	造斜点的方位角，(°)；
θ_2	一段靶点的方位角，(°)；
θ_3	一段稳斜段的方位角，(°)；
θ_4	二段造斜或降斜段的方位角，(°)；
θ_5	二段稳斜段的方位角，(°)；
θ_6	二段增斜段的方位角，(°)；
T_1	一段增斜段狗腿磨损程度，/100 ft；
T_2	一段稳斜段狗腿磨损程度，/100 ft；
T_3	二段增斜段或降斜段的狗腿磨损程度，/100 ft；
T_4	二段稳斜段或降斜段的狗腿磨损程度，/100 ft；
T_5	二段增斜段或降斜段的狗腿磨损程度，/100 ft；
TMD	实际测量深度，ft；
TVD	实际垂直深度，ft；
D_{KOP}	造斜点深度，ft
D_B	第一段降斜段结束点的实际垂直深度，ft；
D_d	第一段降斜段起点的实际垂直深度，ft；
cas1	到达第一造斜点的套管垂深，ft；
cas2	到达第二段造斜点的套管垂深，ft；
cas3	到达第三段造斜点的套管垂深，ft；
HD	水平段井身长度，ft；
P_1, P_2	两个观测点；
e_1, e_2	井筒方向上的单位向量；
F_1	定向井底部的轴向力，N；
F_2	定向井顶部的轴向力，N；
β	总的角度变化，(°)；
B	浮力系数，$B = 0.7$；
μ	摩擦系数，$\mu = 0.2$；
w	单位钻具重量 $w = 0.3$ kN/ft；

r	钻杆半径 $r = 0.1$ ft;
ΔL	间隔长度,ft;
P_m	变异概率。

附录 B

复杂井眼轨迹中,各井段力矩分析计算如附图1~附图3所示。

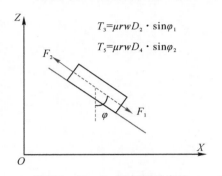 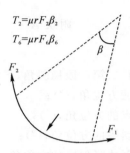 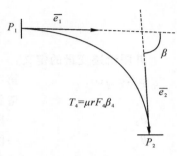

附图1 D_2,D_4 稳斜段对应的 力矩 T_3,T_5 示意图	附图2 D_1 和 D_5 增斜段对应的 力矩 T_2,T_6 示意图	附图3 D_3 降斜段对应的 力矩 T_4 示意图

附图1~附图3中,各井段受力 $F_1 \sim F_7$ 计算公式如下:

$F_7 = 0$

$F_6 = F_7 + Bw \cdot HD \cdot \cos\varphi_3 = Bw \cdot HD \cdot \cos\varphi_3 \quad (F_7 = 0)$

$F_5 = F_6 + Bw \cdot D_5(\sin\varphi_3 - \sin\varphi_2)/(\varphi_3 - \varphi_2)$

$F_4 = F_5 + Bw \cdot D_4\cos\varphi_2$

$F_3 = F_4 + Bw \cdot D_3(\sin\varphi_2 - \sin\varphi_1)/(\varphi_2 - \varphi_1)$

$F_2 = F_3 + Bw \cdot D_2\cos\varphi_1$

$F_1 = F_2 + Bw \cdot D_1(\sin\varphi_1 - \sin\varphi_0)/(\varphi_1 - \varphi_0)$

则 $F_1 \sim F_7$ 对应的力矩 $T_1 \sim T_7$ 计算公式如下:

$T_1 = \mu rwD_{kop} \cdot \sin\varphi_0 = 0 \quad (\varphi_0 = 0)$

$T_2 = \mu rF_2\beta_2$

$\cos\beta_2 = \sin\varphi_1\sin\varphi_0\cos(\theta_1 - \theta_2) + \cos\varphi_1\cos\varphi_2 = \cos\theta_1\cos\theta_2 \quad (\varphi_0 = 0)$

$T_3 = \mu rwD_2 \cdot \sin\varphi_1$

$T_4 = \mu rF_4\beta_4$

$\cos\beta_4 = \sin\varphi_2\sin\varphi_1\cos(\theta_3 - \theta_4) + \cos\theta_3\cos\theta_3$

$T_5 = \mu rwD_4 \cdot \sin\varphi_2$

$T_6 = \mu rF_6\beta_6$

$\cos\beta_6 = \sin\varphi_3\sin\varphi_2\cos(\theta_5 - \theta_6) + \cos\theta_5\cos\theta_6$

$T_7 = \mu rw \cdot HD \cdot \sin\varphi_3$

参 考 文 献

[1] 孙涛. 基于 Virtools 的海洋钻井平台虚拟仿真[D].东营:中国石油大学(华东),2016.

[2] 刘金胜. 海上钻柱作业训练模拟器的设计与实现[D]. 青岛科技大学,2017.

[3] 张世军,慎思强,张宇军. 浅议虚拟现实技术在石油勘探中的应用[J]. 科技创新与应用,2013(12):30.

[4] 张冬梅,周英操,蒋宏伟,等. 国外石油钻井软件的发展现状[J]. 石油科技论坛,2012,31(3):46-50,73-74.

[5] 李剑峰,董宁,关达. 虚拟现实技术在鄂尔多斯东北部低渗透气藏勘探开发中的应用[J]. 石油物探,2005(5):471-473,17.

[6] CAO X D, HUANG H L , LI J. 3D visualization research of well trajectory on comprehensive logging instrument[C]// 2011 International Conference on Electrical and Control Engineering. Yichang,2011:471-474.

[7] 徐堪社. 井眼轨迹计算及可视化系统研究与开发[D].西安:西安石油大学,2012.

[8] 赵庆,蒋宏伟,石林,等. 国内外钻井工程软件对比及对国内软件的发展建议[J].石油天然气学报,2014,36(5):87-92,6.

[9] 魏微. 复杂结构井井眼轨迹三维可视化技术研究[D].西安:西安石油大学,2012.

[10] SCHLUNBERGER. Measurement while drilling and geological steering technology[R]. 休斯伦:贝谢有限公司,2015.

[11] HWANG S,RODRIGUEZ J,HEALY J,et al. An intelligent operating system for oilfield processing[C]// 2013 IEEE Industry Applications Society Annual Meeting. Lake Buena Vista,FL,2013:1-11.

[12] CAO W G, WANG R, ZHANG H Q, et al. Development of human machine interaction simulation system based on virtual reality technology[J].Journal of Engineering Graphics,2010(19):145-149.

[13] PAJOROVÁ E,HLUCH L. The usefulness of the virtual speaking head as well as 3D visualization tools in the new presentation technologies[C]// 2015 19th International Conference on Information Visualization. Barcelona,2015:568-571.

[14] 何小兵,刘红岐,刘伟,等.基于 OpenGL 的三维井眼轨迹可视化研究[J]. 国外测井技术,2009(6):46-48,4.

[15] 唐可伟,付建红,郭昭学,等. Open Inventor 实现井眼轨迹可视化[J]. 计算机系统应用,2010,19(11):257-259.

[16] 张德. 基于 OpenGL 的钻井井眼轨迹可视化研究与实现[D].成都:西南石油大

学，2011.

[17] 薛世峰，杨辉，臧红，等.基于 VB 与 OpenGL 的三维井眼轨迹可视化描述[J].石油矿场机械，2012,41(11)：5-8.

[18] 李洋，邹鑫芳.基于 OpenGL 的三维井眼轨迹软件在 WPF 中的设计与实现[J].电脑知识与技术，2013,9(8)：1801-1805.

[19] 王志军，杨涛，徐森，等.基于 OPENGL 的井眼轨迹三维可视化系统的实现[J].录井工程，2015,26(1)：73-75,79.

[20] 蒋必辞，丛琳.基于 QT 与 OpenGL 的测井信息三维可视化研究[J].国外测井技术，2017,38(3)：26-31,73-75.

[21] 祝秀芬，陈桥芳，曾岱.虚拟现实技术下虚拟实验室的研究与构建[J].科技创新导报，2017(24)：161-162.

[22] 苗晓锋.远程教育网络虚拟实验系统的研究与设计[D].西安：西安电子科技大学，2008.

[23] 徐健.基于 LabVIEW 的温度控制实验教学系统研究与开发[D].长沙：中南大学，2013.

[24] 何书英，刘煜，郑珩.生物制药虚拟仿真实验教学平台的建设与应用[J].实验技术与管理，2017(8)：118-120,161.

[25] 高恩婷.基于 B/S 模式的 IDC 机房虚拟仿真系统的设计与实现[D].苏州：苏州大学，2007.

[26] 教育部办公厅.关于 2017—2020 年开展示范性虚拟仿真实验教学项目建设的通知[J].实验室科学，2017,20(4)：190-196,216,231.

[27] 岳岩岩.多人协作的小修作业虚拟仿真培训系统研究[D].大庆：东北石油大学，2016.

[28] 邱顺.基于 VR 三维井眼轨迹的可视化[D].西安：西安石油大学，2019.

[29] 刘洋.基于 Unity 3D 的交互式虚拟油库培训系统研发[D].抚顺：辽宁石油化工大学，2019.

[30] WULF W A. The collaboratory opportunity[J]. Science,1993,261(5123)：854-856.

[31] 王卫国，胡今鸿，刘宏.国外高校虚拟仿真实验教学现状与发展[J].实验室研究与探索，2015,34(5)：214-219.

[32] POTKONJAK V,GARDNER M,CALLAGHAN V,et al. Virtual laboratories for education in science, technology and engineering: a review [J]. Computers & Education,2016(95)：309-327.

[33] 米玲.基于 VR 技术的控压钻井节流回压远程控制系统的设计[D].成都：西南石油大学，2016.

[34] 陈刚，杨雪，潘保芝，等.井眼轨迹计算及可视化研究现状[J].世界地质，2015,34(3)：830-841.

[35] VAYADA M G, PATEL H R, MUDULI B R. Hardware software co-design simulation modeling for image security concept using Matlab-Simulink with Xilinx system generator[C]∥2017 Third International Conference on Sensing, Signal Processing and Security (ICSSS). Chennai,2017:134-137.

[36] DAVE S, MASON W, JACKIE N. OpenGL programming Guide[M]. Beijing：Press of China Machine,2008.

[37] BRATISLAVA, SLOVAKIA. The usefulness of the virtual speaking head, as well as 3D visualization tools in the new presentation technologies[C]// 2015 19th International Conference on Information Visualization. 2015：429 – 436.

[38] 冯波,刘鹏. 基于 Unity 3D 的 VR 应用的设计与开发[J]. 数字技术与应用,2017(11)：180 – 183.

[39] 花宁宁,韩家忠,田洪根. 基于 B/S 架构的实验室仪器管理系统的设计与实现[J]. 山东化工, 2020,49(6)：213 – 215.

[40] 梁琰. MySQL 数据库在 PHP 网页中的动态应用研究[J]. 电脑知识与技术,2019,15 (9)：7 – 8.

[41] 胡越. 从《网络安全法》看 HTTP 协议中的明文传输[J]. 电子世界,2018(14)：42 – 43.

[42] 江涛,谢世芳. Web 前端开发技术 HTML5 与 CSS3 的融合及未来发展趋势[J]. 电脑编程技巧与维护,2019(4)：170 – 172.

[43] JIN M S, QIU C L, LI J. The designment of student information management system based on B/S architecture[C]// 2012 2nd International Conference on Consumer Electronics, Communications and Networks (CECNet). IEEE,2012：2153 – 2155.

[44] 吕睿. 基于 B/S 体系的电工电子网络虚拟实验室设计研究[J]. 电子设计工程,2015,23 (11)：57 – 59,63.

[45] 查修齐,吴荣泉,高元钧. C/S 到 B/S 模式转换的技术研究[J]. 计算机工程,2014,40 (1)：263 – 267.

[46] YU X, JIN Z P. Web content information extraction based on DOM tree and statistical information[C]// Proceedings of 2017 17th IEEE International Conference on Communication Technology (ICCT 2017). Beijing,2017：4.

[47] 潘心宇,陈长福,刘蓉,等. 基于网页 DOM 树节点路径相似度的正文抽取[J]. 微型机与应用,2016,35(19)：74 – 77.

[48] GILMORE W J. PHP 与 MySQL 程序设计[M]. 北京：人民邮电出版社,2011.

[49] 熊文,熊淑华,孙旭,等. Ajax 技术在 Web2.0 网站设计中的应用研究[J]. 计算机技术与发展,2012,22(3)：145 – 148.

[50] 高飞. 钻井虚拟仿真系统的研究与实现[D].大庆：东北石油大学,2012.

[51] 刘贤梅,高飞. 油田钻井虚拟仿真系统[J]. 计算机系统应用,2012,21(7)：5 – 8,17.

[52] 韩明良,滕瑶,王海冰,等. 海洋平台钻井系统的特殊性设计[J]. 船舶标准化工程师,2012,45(2)：42 – 44.

[53] 沙林秀. 钻井控制参数多目标优化理论及方法[M]. 北京：石油工业出版社,2014.

[54] 李少辉. 基于 VR 技术的钻井工程三维动态仿真系统研究[D]. 西安：西安石油大学,2018.

[55] 朱英博. 基于相似理论的石油井架动力特性分析及模型试验研究[D]. 大庆：东北石油大学,2014.

[56] 邱爱民.基于并行工程理论的钻井作业流程优化研究[D].大庆:东北石油大学,2014.

[57] 沙林秀,邱顺,何雪.三维井眼轨迹可视化研究现状与发展趋势[J].石油机械,2019,47
(2):33-39,48.

[58] 李璐,刘新根,吴蔚博.基于钻孔数据的三维地层建模关键技术[J].岩土力学,2018,39
(3):1056-1062.

[59] 王敬谋.三维地质建模及岩层自动划分与对比技术研究[D].淮南:安徽理工大
学,2018.

[60] 郭志军.基于三维煤层模型综采面生产过程动态管理系统研究[D].太原:太原理工大
学,2017.

[61] 吴军.三维可视化地质建模软件系统研制[D].成都:成都理工大学,2009.

[62] 翁正平.复杂地质体三维模型快速构建及更新技术研究[D].北京:中国地质大
学,2013.

[63] 陈虎维.露天煤矿采场三维模型构建与应用研究[D].阜新:辽宁工程技术大学,2012.

[64] 黄宏亮.综合录井仪地层和井眼轨迹三维可视化研究[D].成都:西南石油大学,2012.

[65] 席宝滨,刘刚,刘彪.钻井过程中的井眼防碰分类和计算[J].内江科技,2009,30(11):
81,139.

[66] 黄宏亮.综合录井仪地层和井眼轨迹三维可视化研究[D].成都:西南石油大学,2012.

[67] 桑艳珍.TGO在推算丛式井井口坐标中的应用[J].化工管理,2018(32):196-197.

[68] 席宝滨,刘刚,刘彪.钻井过程中的井眼防碰分类和计算[J].内江科技,2009,30(11):
81,139.

[69] 刘修善.井眼轨迹模式定量识别方法[J].石油勘探与开发,2018,45(1):145-148.

[70] 张亮亮.井眼轨道设计研究与实现[D].西安:西安科技大学,2010.

[71] 崔玉梅.多分支井三维井眼轨迹设计方法研究[J].渤海大学学报(自然科学版),2010,
31(3):225-230.

[72] 黄杰,吕玉鹏,郭书杰.解决软件产品易用性问题的方法思考[J].中国新技术新产品,
2013(2):25-26.

[73] 刘庆伟,孙静.关系数据库中多维数据分析及展现的研究[J].计算机工程与设计,2008
(9):2262-2265,2274.

[74] 刘莎,张志华,冯上朝.3DMAX三维建模精度分析[J].北京测绘,2019,33(1):58-61.

[75] 舒后,梁琳,孙昊白.基于WebGL的三维网站的设计与实现[J].北京印刷学院学报,
2019,27(10):109-112,125.

[76] 高辰飞.基于WebGL的海洋样品三维可视化的研究[D].青岛:中国海洋大学,2014.

[77] 王鹏飞.面向虚拟实验的WebGL开发框架的研究[D].北京:北京邮电大学,2019.

[78] 聂塱,田泽,马城城.一种并行扫描的三角形光栅化算法设计与实现[J].信息通信,
2016(3):67-68.

[79] HUANG J J,WANG J.3D Visualization of point clouds using HTML5 and WebGL
[C]//Computer Engineering and Networks.Nanjing,2017:8.

[80] 荣艳冬.基于WebGL的3D技术在网页中的运用[J].信息安全与技术,2015,6(8):

90 - 92.

[81]　武桐,王晓雨. Unity 3D 中碰撞检测问题的研究[J]. 电子测试,2018(1)：83 - 84.

[82]　魏育坤. 基于 Unity 3D 的虚拟现实交互系统的设计与实现[J]. 电子技术与软件工程,
2018(14)：45 - 46.

[83]　杨思瑶,宁宝宽,陆海燕,等. 基于 Unity 3D 的家装设计展示系统[J]. 建筑设计管理,
2018,35(2)：63 - 66,79.

[84]　沙林秀,王凯.基于 PSO 的钻机快速自适应 PID 控制[J].控制工程,2021,28(3)：
519 - 523.

[85]　黄周轩,史青,刘文广,等. 基于 AMESim 和 ADAMS 联合仿真的盘式刹车液压系统
研究[J]. 液压气动与密封,2017,37(11)：45 - 49.

[86]　李欣然,樊永生. 改进量子行为粒子群算法智能组卷策略研究[J].计算机科学,2013,
40(4)：236 - 239.

[87]　吴建辉,章兢,陈华,等. 多峰函数优化的免疫云粒子群优化算法[J]. 仪器仪表学报,
2013,34(8)：1756 - 1765.

[88]　刘文瑞,赵磊,颜子荔. 基于归一化遗传算法的 PID 控制器自适应整定[J]. 科学技术
创新,2019(19)：61 - 62.

[89]　郑恩让,姜苏英. 基于改进粒子群优化算法的分数阶 PID 控制[J].控制工程,2017,24
(10)：2082 - 2087.

[90]　刘金琨. 先进 PID 控制 MATLAB 仿真[M]. 北京：电子工业出版社,2011.

[91]　LI J M,LIOU Y C, ZHU L J. Optimization of PID parameters with an improved sim-
plex PSO[J]. Journal of Inequalities and Applications,2015(1)：87 - 95.

[92]　李士勇,李盼池. 量子计算与量子优化算法［M］.哈尔滨：哈尔滨工业大学出版
社,2009.

[93]　李士勇,李盼池. 基于实数编码和目标函数梯度的量子遗传算法[J].哈尔滨工业大学
学报,2006,38(8)：1216 - 1218,1223.

[94]　许少华,许辰,郝兴,等.一种改进的双链量子遗传算法及其应用[J]. 计算机应用研究,
2010,2(6)：2090 - 2092.

[95]　沙林秀,贺昱曜. 一种变步长双链量子遗传算法[J].计算机工程与应用,2012,48(20),
59 - 63.

[96]　SHA L X, PAN Z Q. FSQGA Based 3D complexity wellbore trajectory optimization
[J]. Oil & Gas Science and Technology - Rev. IFP,2018(8)：73 - 79.

[97]　ATASHNEZHAD A,WOOD D A, EREIDOUNPOUR A,et al. Designing and opti-
mizing deviated wellbore trajectories using novel particle swarm algorithms［J］.
Journal of Natural Gas Science and Engineering,2014(21)：1184 - 1204.

[98]　SHOKIR E M, EMERA M K, EID S M, et al. A new optimization model for 3 - D
well design[J].Oil & Gas Science and Technology - Rev. IFP,2014(59)：255 - 266.

[99]　WOOD D A. Hybrid cuckoo search optimization algorithms applied to complex well-
bore trajectories aided by dynamic, chaos - enhanced, fat - tailed distribution

sampling and metaheuristic profiling[J]. Nat. Gas Sci. Eng，2016(34):236-252.

[100] Wood D A. Hybrid bat flight optimization algorithm applied to complex wellbore trajectories highlights the relative contributions of metaheuristic components[J]. Nat. Gas Sci. Eng.,2016(32): 211-221.

[101] 李霄,王常洲,田雅. 计算机应用系统性能测试技术及应用研究[J]. 软件,2013,34 (4): 69-73.

[102] 杨德红. 软件测试自动化在黑盒测试中的应用[J]. 现代电子技术,2008(18): 90-92.

[103] 刘柏,唐龙利,陈大圣. 基于需求的测试用例设计方法研究[J]. 电子质量,2007(10): 61-63.

[104] 刘翠娟. Web 应用中静态测试的研究[D].西安:西北大学,2004.

[105] SHA L X, CHENG C F. Design and development of virtual experiment network platform for rig control[C] // Proceeding of the third international conference on computer network，Electronic Automation.2020:399-403.